Norbert Bogusch | Helmut Weber

Prüfungsfragen für Bausachverständige

Fragen und Lösungen zur Vorbereitung auf die Prüfung zum
Sachverständigen für Schäden an Gebäuden

Norbert Bogusch | Helmut Weber

Prüfungsfragen für Bausachverständige

Fragen und Lösungen zur Vorbereitung auf die Prüfung zum
Sachverständigen für Schäden an Gebäuden

5., aktualisierte Auflage

Fraunhofer IRB Verlag

Bibliografische Information der Deutschen Nationalbibliothek:
Die Deutsche Nationalbibliothek verzeichnet diese Publikation in der Deutschen Nationalbibliografie;
detaillierte bibliografische Daten sind im Internet über www.dnb.de abrufbar.

ISBN (Print): 978-3-8167-9522-3
ISBN (E-Book): 978-3-8167-9523-0

Herstellung: Gabriele Wicker
Layout: Dietmar Zimmermann
Satz: primustype Robert Hurler GmbH, Notzingen | Gabriele Wicker
Umschlaggestaltung: Martin Kjer
Druck: Offizin Scheufele Druck und Medien GmbH & Co. KG, Stuttgart

© by Fraunhofer IRB Verlag, 2015
Fraunhofer-Informationszentrum Raum und Bau IRB
Nobelstraße 12, 70569 Stuttgart
Telefon +49 7 11 9 70-25 00
Telefax +49 7 11 9 70-25 08
irb@irb.fraunhofer.de
www.baufachinformation.de

Vorwort

Der Sachverständige für Schäden an Gebäuden muss überdurchschnittliche Fachkenntnisse, praktische Erfahrung und die Fähigkeit, Gutachten zu erstatten, nachweisen. Die Überprüfung dieser Kriterien erfolgt anhand von speziellen fachlichen Bestellungsvoraussetzungen, die der Bewerber bei der für ihn zuständigen Kammer anfragen kann.

Die Bestellungsvoraussetzungen werden in den Sachverständigenordnungen und den diesbezüglichen Richtlinien der für den Bewerber jeweils zuständigen Kammer geregelt. Diese Körperschaften lehnen sich dabei regelmäßig an die Muster-Sachverständigenordnung an, wonach der Nachweis der besonderen Sachkunde nicht schon dadurch erbracht ist, dass der Bewerber seinen Beruf in fachlicher Hinsicht bisher ordnungsgemäß ausgeübt hat. Schriftliche Unterlagen allein reichen in der Regel auch nicht zum Nachweis der besonderen Sachkunde aus. Zum Nachweis der besonderen Sachkunde bedarf es vielmehr, dass der Sachverständige in der Lage ist, auch schwierige fachliche Zusammenhänge mündlich oder schriftlich so darzustellen, dass seine gutachterlichen Äußerungen für den jeweiligen Auftraggeber, der in der Regel Laie sein wird, verständlich sind. Hierzu gehört auch, dass die vom Sachverständigen dargestellten Ergebnisse so begründet werden müssen, dass sie für einen Laien verständlich und für einen Fachmann in allen Einzelheiten nachprüfbar sind (Nr. 3.6 der Richtlinien zur Muster-Sachverständigenordnung).

Das Vorgehen bei der Überprüfung der besonderen Sachkunde beschreibt Nr. 4.3 der Richtlinien zur Muster-Sachverständigenordnung:

Zur Überprüfung der besonderen Sachkunde werden in der Regel Informationen, insbesondere Referenzen von früheren Auftraggebern, Kollegen oder sonstigen Bekannten des Sachverständigen eingeholt und bereits erstattete Gutachten und sonst vorgelegte fachliche Unterlagen überprüft. Da die Kammer Gewissheit haben muss, ob der Bewerber über die besondere Sachkunde verfügt, kann sie authentische Nachweise des Bewerbers verlangen. Dies bedeutet, dass der Bewerber in aller Regel seine besondere Sachkunde, die insbesondere die Fähigkeit beinhaltet, auch schwierige fachliche Problemstellungen schriftlich und mündlich in verständlicher und nachvollziehbarer Weise darzustellen, vor einem einschlägigen Fachgremium unter Beweis zu stellen hat. Besteht für das in Frage kommende Sachgebiet kein fest installiertes Fachgremium, soll der Bewerber seine besondere Sachkunde vor einem »ad-hoc-Fachgremium« oder einer neutralen sachkundigen Person nachweisen.

Fester Bestandteil der Prüfungen durch das Fachgremium für das Fachgebiet Schäden an Gebäuden sind Fragen hinsichtlich des fachlichen Präsenswissens. Darauf wird regelmäßig im ersten Teil der schriftlichen Prüfung und aber auch im mündlichen Fachgespräch abgehoben. Sinn und Zweck dieses Fachbuches ist es, den Prüfling auf diese Fragen vorzubereiten. Die hier zusammengefassten Fragen waren zum weitaus größten Teil bereits Gegenstand solcher Prüfungen.

Das vorliegende Werk stellt ein Trainingsinstrument dar. Die Antworten geben die fachliche Essenz wieder ohne dabei auf alle Aspekte im Detail einzugehen. Sie stellen daher keinesfalls die »ganzheitliche Fachkunde« dar.

Ein alleiniges Auswendiglernen der Fragen und Antworten führt nicht zu dem erforderlichen Fachwissen eines Sachverständigen für das Fachgebiet Schäden an Gebäuden.

Die Autoren haben die Fachfragen unter Mitwirkung der Fachreferenten der Seminarreihe »Sachverständiger für Schäden an Gebäuden und Gebäudeinstandsetzung« der TÜV-Akademie Rheinland bearbeitet. Für diese Unterstützung möchten wir hier nochmals kollegialen Dank aussprechen.

Für die konstruktiven Anregungen der IHK Neuss bei der Abfassung der Hinweise zum Ablauf des Fachgremiums und der Freigabe des Instituts für Sachverständigenwesen in Köln zur Aufnahme deren Merkblätter in dieses Fachbuch möchten die Autoren ihren Dank aussprechen.

Dipl.-Ing. Norbert Bogusch und Prof. Dr. Helmut Weber, im September 2015

Inhaltsverzeichnis

1 Grundlagen des Sachverständigenwesens

Nr.	Frage	Antwort
1	In welcher Hinsicht muss der Sachverständige unabhängig sein?	Ein Sachverständiger muss • wirtschaftlich • persönlich • gedanklich unabhängig sein.
2	Wo sind die Bestellungsvoraussetzungen für Sachverständige geregelt?	In der Mustersachverständigenordnung sind die Bestellungsvoraussetzungen für Sachverständige im Allgemeinen geregelt. Darüber hinaus haben die einzelnen Industrie- und Handelskammern, die Architektenkammern und die Ingenieurkammer detaillierte Bestellungsvoraussetzungen für die jeweiligen Fachgebiete zusammengestellt, in denen auch die fachlichen Anforderungen aufgeführt sind.
3	Nach welchen Kriterien wird der Antrag eines Bewerbers auf öffentliche Bestellung durch die zuständige IHK geprüft?	Liegt der Antrag bei der Bestellungsbehörde vor, so werden insbesondere folgende drei Aspekte geprüft: • Besteht ein generelles Bedürfnis nach öffentlicher Bestellung von Sachverständigen im Bereich »Schäden an Gebäuden« oder sonstigem beantragten Bestellungstenor? • Ist der Sachverständige persönlich geeignet? • Besitzt der Sachverständige eine besondere Sachkunde?

Nr.	Frage	Antwort
4	Es kommt bei einem Ortstermin zur Vorbereitung einer Abnahme dazu, dass der SV ein Gutachten über eine besondere Frage erstellen soll. Der Bauunternehmer erklärte sich zur Prüfung der Sachlage bereit und will einen SV als Gutachter hinzuziehen. Was hat der Sachverständige zu beachten?	Jede Partei ist berechtigt zum Ortstermin Berater hinzuzuziehen. Das sind in der Regel die jeweiligen Rechtsanwälte. Sachverständige können aber auch beratend hinzugezogen werden. Der Gerichtssachverständige soll sich alle Argumente der Parteien und deren Berater vortragen lassen, seine Feststellungen von der Sachlage vor Ort machen aber beim Ortstermin keinerlei Stellungnahme zu seinen Wertungen abgeben.
5	Sie werden durch gerichtlichen Beweisbeschluss in einem Rechtsstreit zwischen einem Bauträger und einem Unternehmer aufgefordert, zu behaupteten Mängeln in Wohnungen einer Eigentumswohnanlage Feststellungen zu treffen. Bei Durchsicht des Beweisbeschlusses und der Akten stellen Sie fest, dass die Wohnanlage insgesamt fertig gestellt und bezogen ist und außerdem, dass voraussichtlich zerstörende Untersuchungen vorzunehmen sind. Was haben Sie bei der Vorbereitung des Ortstermins zu beachten?	• Die Parteien sind rechtzeitig zum Ortstermin einzuladen. • Die Zugänglichkeit zu den Örtlichkeiten ist sicherzustellen. • Das Einverständnis für zerstörende Untersuchungen bei den Eigentümern ist einzuholen. Wer Eigentümer ist, ist insbesondere bei Wohnanlagen genau zu prüfen. Dabei spielt eine Rolle, ob die Mängel am Gemeinschaftseigentum oder am Sondereigentum aufgetreten sind. • Hilfskräfte, Werkzeuge und Material für zerstörende Untersuchungen sind bereitzustellen. Zerstörende Untersuchungen sollten durch den Sachverständigen möglichst nicht selber durchgeführt werden.

Nr.	Frage	Antwort
6	Sie haben im Auftrag eines Gerichts in einem Rechtsstreit ein Gutachten zu erstatten. Zum Ortstermin haben Sie alle Parteien rechtzeitig schriftlich eingeladen. Beim Ortstermin im klägerischen Wohnhaus ist nur der Kläger mit seinem Rechtsanwalt anwesend. Von der Gegenseite ist niemand erschienen. Wie haben Sie sich zu verhalten?	Im Ladungsschreiben ist vorab darauf hinzuweisen, dass der Ortstermin auch dann stattfindet, wenn eine Partei nicht zum Ortstermin erscheint. Beim Ortstermin sollte eine Viertelstunde gewartet werden und dann der Termin abgehalten werden. Dieser Umstand ist im Gutachten zu vermerken.
7	Für ein selbstständiges Beweisverfahren findet ein Ortstermin mit den Parteien statt. Während des Termins weist der Antragsteller auf Mängel hin, die nicht im Beweisbeschluss enthalten sind. Wie verhalten Sie sich? Nehmen Sie diese Mängel auf?	Grundsätzlich sind nur die Fragen des Beweisbeschlusses Gegenstand des Ortstermins und der späteren Gutachtenbearbeitung. Es kann jedoch sinnvoll erscheinen einen Punkt zusätzlich mit aufzunehmen um einen weiteren Ortstermin zu ersparen. Dies kann jedoch nur dann erfolgen, wenn alle Parteien beim Ortstermin anwesend sind und diese einvernehmlich der Ergänzung des Beweisbeschlusses zustimmen. Dieser Umstand ist im Gutachten deutlich herauszustellen.
8	Antragsteller und Gegner geraten während eines Ortstermins in Streit. Der Gegner verlässt den Ortstermin. Wie verhalten Sie sich?	Der Ortstermin muss abgebrochen werden, da sich der Sachverständige sonst einem Befangenheitsvorwurf aussetzt. Das Gericht ist entsprechend zu informieren und dessen Anweisungen hinsichtlich des weiteren Vorgehens abzuwarten.

Nr.	Frage	Antwort
9	Sie haben ein Gerichtsgutachten gefertigt. a) Während des Rechtsstreites erhalten Sie eine Ladung als Zeuge für eine Partei. Sie sollen über eine Äußerung von Ihnen aussagen, die Sie beim Ortstermin gemacht haben sollen. Hierin haben Sie sich angeblich über zusätzliche Mängel geäußert, die nicht im Beweisbeschluss enthalten waren. Wie verhalten Sie sich? b) Während der Zeugenvernehmung fragt Sie die Partei, welche Auswirkung oder Wertbeeinflussung diese Mängel auf sein Haus haben. Wie verhalten Sie sich?	Grundsätzlich soll der Sachverständige sich nur auf die Fragen des Beweisbeschlusses beschränken. a) Sollte eine Ladung als Zeuge erfolgen, so ist bei der Gerichtsverhandlung sachlich und wahrheitsgemäß zu antworten. b) Sollte beim Gerichtsverfahren eine Frage hinsichtlich der Auswirkung oder Wertbeeinflussung gestellt werden und weder von der Gegenseite noch vom Richter diesbezügliche Einwendungen gemacht werden, so hat der Sachverständige seine Meinung aus technischer Sicht darzulegen. Dabei sollte der Sachverständige darauf hinweisen, dass er jetzt nicht mehr als Zeuge, sondern als Sachverständiger gefragt wird; das hat Auswirkung auf die Vergütung des Sachverständigen.
10	Ist eine DIN-Norm eine allgemein anerkannte Regel der Technik?	DIN-Normen sind technische Regelwerke, die durch ihr Zustandekommen auf einem breiten Konsens der Fachöffentlichkeit basieren und deshalb zum Zeitpunkt der Veröffentlichung mit großer Wahrscheinlichkeit eine allgemein anerkannte Regel der Technik wiedergeben. DIN-Normen werden aber nicht ständig aktualisiert und können deshalb durch neuere, andere Regelwerke (Fachregeln, Merkblätter, Richtlinien) überholt sein. Deshalb sind DIN-Normen nicht automatisch anerkannte Regeln der Technik.

Nr.	Frage	Antwort
11	Nennen Sie den Unterschied zwischen Schiedsgutachten und Privatgutachten.	Ein Schiedsgutachten wird von zwei oder mehreren Parteien einvernehmlich zum Zweck der Klärung fachlicher Fragen beauftragt. Sofern alle Parteien damit einverstanden sind und dies in einem entsprechenden Schiedsgutachtervertrag vereinbaren, so sind die Feststellungen des Sachverständigen für alle Beteiligten verbindlich. Ein Privatgutachten wird nur von einer Partei zur Klärung anstehender Fragen beauftragt. Der Besteller ist in der weiteren Nutzung des Gutachtens frei. Die Feststellungen des Sachverständigen dienen oftmals nur der eigenen Meinungsbildung und als Entscheidungsgrundlage. Sie sind für andere nicht bindend, werden aber oftmals als Begründung einer Klageschrift beigefügt.
12	Der Antragsteller und Hausrechtsinhaber verweigert dem Antragsgegner bei einem gerichtlichen Beweissicherungsverfahren den Zutritt. Wie verhalten Sie sich?	Der Ortstermin muss abgebrochen werden, da sich der Sachverständige sonst einem Befangenheitsvorwurf aussetzt. Das Gericht ist entsprechend zu informieren und dessen Anweisungen hinsichtlich des weiteren Vorgehens abzuwarten.

Nr.	Frage	Antwort
13	Was ist ein Schiedsgutachten? Für wen ist es verbindlich und für wen nicht?	Ein Schiedsgutachten wird von zwei, oder mehreren Parteien, einvernehmlich zum Zweck der Klärung fachlicher Fragen beauftragt. Sofern alle Parteien damit einverstanden sind und dies in einem entsprechenden Schiedsgutachtervertrag vereinbaren, so sind die Feststellungen des Sachverständigen für alle Beteiligten verbindlich. Sind mehr als nur zwei Parteien involviert, von denen nicht alle (aber mindestens zwei) Parteien der Schiedsgutachtervereinbarung zustimmen, so ist es nur für die zustimmenden Parteien verbindlich. Es ist zwischen Schiedsgutachtenabrede der Parteien und Schiedsgutachtervertrag zu unterscheiden. Die Schiedsgutachterabrede bestimmt oftmals schon im Vorfeld einen bestimmten Sachverständigen. Der Sachverständige kann die Auftragsannahme ablehnen.
14	Was ist der Unterschied zwischen einem Gerichtssachverständigen-Gutachten und einem Privatsachverständigen-Gutachten?	• Privat: keine gesetzliche Regelung; Vorteil: Sicherung von Beweisen in eiligen Fällen; Nachteil: Privatgutachten ist für einen Rechtsstreit nicht verbindlich. • gerichtlich: Zivilprozessordnung; Vorteil: Hemmung der Verjährung von Gewährleistungsansprüchen; Nachteil: keine Einflussnahme auf die zeitliche Durchführung möglich.

Nr.	Frage	Antwort
15	»Gutachten müssen nachvollziehbar sein«. Dies ist ein wichtiger Grundsatz im Gutachterwesen. Warum ist dies so?	Gutachten sind häufig für technische Laien (z. B. Richter) bestimmt, denen technische Zusammenhänge allgemeinverständlich erklärt werden müssen. Darüber hinaus müssen Gutachten durch andere Gutachter prüfbar sein.
16	Beim Ortstermin bringt eine Partei einen Privatgutachter mit. Die andere Partei und Wohnungseigentümer verweigert dem Privatgutachter den Zutritt. Wie verhalten Sie sich?	Ein Ortstermin ist zwar nicht öffentlich, aber jede Partei kann Personen veranlassen, daran teilzunehmen. Die Parteien werden darauf hingewiesen, dass der Ortstermin nicht stattfindet, wenn der Zutritt verweigert wird. Bei Verweigerung wird das Gericht über den Vorfall informiert und um Entscheidung über das weitere Vorgehen gebeten.
17	Entspricht die Anwendung eines Baustoffes oder einer Bauweise, für die eine bauaufsichtliche Zulassung des Instituts für Bautechnik Berlin vorliegt, den allgemein anerkannten Regeln der Bautechnik? Begründen Sie kurz Ihre Antwort.	Nein, eine bauaufsichtliche Zulassung ist für neue Bauweisen oder Produkte erforderlich, die ausschließlich Sicherheitsaspekte würdigt. Allgemein anerkannte Regeln der Bautechnik betreffen Bauweisen oder Produkte, die wissenschaftlich erforscht und der Fachwelt bekannt sind und sich darüber hinaus in der Praxis über einen langen Zeitraum (in der Regel mindestens 10 bis 15 Jahre) bewährt haben.
18	Definieren Sie den Begriff »Regeln der Technik«. Wo sind Regeln der Technik definiert?	Von Fachleuten, zu einem bestimmten Gebiet erarbeitete Regeln, die zur öffentlichen Fachdiskussion gestellt werden. Regeln der Technik sind zum Beispiel Entwürfe von DIN-Normen und eine Vorstufe zur »allgemein anerkannten Regel der Technik«.

Nr.	Frage	Antwort
19	Angenommen, Sie haben als Sachverständiger in einem Selbständigen Beweisverfahren ein Gutachten über behauptete Mängel an einem Mehrfamilienhaus erstattet. Das Verfahren ist abgeschlossen. Nun fragt Sie die Hausverwaltung dieses Mehrfamilienhauses, ob Sie bereit sind, die Bauüberwachung und Abnahme der vom Bauträger zugesagten Sanierungsarbeiten an diesem Gebäude zu übernehmen. Was ist dabei Ihrerseits zu beachten?	Zunächst haben Sie auf die Vorschriften der IHK über öffentliche Bestellung und Vereidigung von Sachverständigen hinzuweisen, worin es unter § 8 heißt: »Es ist dem Sachverständigen untersagt, ein Vertragsverhältnis einzugehen, das seine Unparteilichkeit oder seine wirtschaftliche oder fachliche Unabhängigkeit beeinträchtigen kann.« Eine Tätigkeit für eine der Parteien im ehemaligen Beweisverfahren, in dem der Sachverständige tätig war, würde rückwirkend seine Unparteilichkeit gefährden und könnte dadurch die Verwertbarkeit des Beweiserhebungsgutachtens in einem folgenden Hauptsachverfahren gefährden. Der Sachverständige darf deshalb einen solchen Folgeauftrag nicht annehmen, außer, wenn alle am früheren Beweisverfahren beteiligten Parteien hierzu ausdrücklich ihre Zustimmung erteilen. Im Übrigen wird auf die Richtlinien zur Anwendung und Auslegung der Sachverständigenordnung verwiesen. Es heißt dort unter 8.2.7 zum § 8.2 der Sachverständigenordnung: »8.2.7: Der Sachverständige darf keine Gutachten in derselben Sache – auch zeitlich versetzt – für beide sich streitenden Personen erstatten, es sei denn, beide Parteien erklären sich ausdrücklich damit einverstanden (Schiedsgutachten)«.

2 Juristische Grundlagen

Nr.	Frage	Antwort
1	Was hat Vorrang bei einem Werkvertrag bei Widerspruch? Geben Sie alle Vertragsbestandteile nach § 1 VOB, Teil B in der richtigen Reihenfolge an.	Bei Widersprüchen im Vertrag gelten nacheinander: a) die Leistungsbeschreibung b) die Besonderen Vertragsbedingungen c) etwaige Zusätzliche Vertragsbedingungen d) etwaige Zusätzliche Technische Vertragsbedingungen e) die Allgemeinen Technischen Vertragsbedingungen für Bauleistungen f) die Allgemeinen Vertragsbedingungen für die Ausführung von Bauleistungen.
2	Welche Auswirkung hat die einvernehmliche Beauftragung eines SV zur Klärung eines Sachverhaltes während der Gewährleistungszeit?	Es handelt sich hierbei im Prinzip um ein Verfahren ähnlich einem Schiedsgutachten. Ein Schiedsgutachten wird von zwei, oder mehreren Parteien einvernehmlich zum Zweck der Klärung fachlicher Fragen beauftragt. Sofern alle Parteien damit einverstanden sind und dies in einem entsprechenden Schiedsgutachtervertrag vereinbaren, so sind die Feststellungen des Sachverständigen für alle Beteiligten verbindlich. Sind mehr als nur zwei Parteien involviert von denen nicht alle (aber mindestens zwei) Parteien der Schiedsgutachtervereinbarung zustimmen, so ist es nur für die zustimmenden Parteien verbindlich.

Nr.	Frage	Antwort
3	Wie sieht es aus bei Unstimmigkeiten zwischen LV und Werkplänen, was hat davon Vorrang?	Im Leistungsverzeichnis werden insbesondere Aussagen zu Menge, Art und Qualitätsanforderungen gemacht. Werkpläne machen in erster Linie Aussagen zu Form und Anordnung sowie zu Maßen. Werden widersprüchliche Aussagen gemacht, so hat in der Regel das Leistungsverzeichnis Vorrang vor den Werkplänen. Es ist zu prüfen, ob der Vertrag eine Rangregelung enthält.
4	Bei einem gerichtlichen Beweissicherungstermin haben Sie im Beweisbeschluss nur drei kleinere Mängel zu begutachten. Ein ganz gravierender Schaden in einer anderen Raumecke ist im Beweisbeschluss jedoch nicht aufgeführt. Wie verhalten Sie sich? Fertigen Sie ein Foto für Ihre eigene Bauschadenssammlung an?	Grundsätzlich sind nur die Fragen des Beweisbeschlusses Gegenstand des Ortstermins und der späteren Gutachtenbearbeitung. Es kann jedoch sinnvoll erscheinen, einen Punkt zusätzlich mit aufzunehmen, um sich einen weiteren Ortstermin zu ersparen. Dies kann jedoch nur dann erfolgen wenn alle Parteien beim Ortstermin anwesend sind und diese einvernehmlich der Ergänzung des Beweisbeschlusses zustimmen. Dieser Umstand ist im Gutachten deutlich herauszustellen. Es ist zu erwägen diesen Punkt außerhalb des Gutachtens in einem Beiblatt abzuhandeln. Sollte eine Partei nicht mit der Erweiterung des Beweisbeschlusses einverstanden sein, so darf auch kein Foto für die eigene Bauschadenssammlung gefertigt werden.

Nr.	Frage	Antwort
5	Als öffentlich bestellter und vereidigter Sachverständiger können Sie Aufträge auch ablehnen und wenn ja, welche?	Grundsätzlich kann der öffentlich bestellte und vereidigte Sachverständige alle Aufträge aus dem privaten Bereich ablehnen. Hier gibt es keinen Unterschied zu einem sonst tätigen Architekten oder Ingenieur. Die Verpflichtung zur Gutachtenerstellung erstreckt sich nur auf den Bereich der Gerichtsaufträge. Diese Aufträge sind abzulehnen, wenn der Sachverständige für die betreffende Fragestellung nicht die besondere Sachkunde besitzt, diese Fragen also nicht in sein Bestellungsgebiet fallen. Ebenfalls ist der Auftrag abzulehnen, wenn der Sachverständige sich selber für befangen hält. Bei Arbeitsüberlastung ist der Auftrag durchzuführen. Das Gericht ist dann jedoch über den zu erwartenden Fertigstellungstermin zu informieren. Es ist dann Sache des Gerichts, den Auftrag dann doch an einen anderen Sachverständigen weiterzugeben.
6	Unter welchen Umständen können Sie wegen Befangenheit abgelehnt werden?	Befangenheitsgründe stellen folgende Umstände dar: • Verwandtschaft mit einer Partei • regelmäßige geschäftliche Tätigkeit für eine der Parteien • interne Absprachen mit einer Partei • Vorteilsannahme durch eine Partei.
7	Welche Möglichkeiten werden in Teil B der VOB – abweichend vom BGB – dem Auftraggeber geboten, auf den Lauf der ursprünglichen Verjährungsfrist für seine Gewährleistungsansprüche einzuwirken?	Durch Vereinbarung anderer Verjährungsfristen als sie in der VOB bestimmt sind. (BGB: Durch Hemmung und Unterbrechung der Verjährungsfrist). Vor allem aber ist die schriftliche Mängelrüge zu nennen, mit welcher eine neue Frist (VOB-Frist) zu laufen beginnt.

Nr.	Frage	Antwort
8	Was ist ein Mangel im Sinne der VOB?	Ein Mangel ist eine Abweichung von der vertraglich vereinbarten Beschaffenheit einer Leistung. Liegt keine besondere Beschaffenheitsvereinbarung vor, so muss die Leistung den Allgemein anerkannten Regeln der Technik entsprechen. Die Leistung ist insbesondere dann mangelhaft, wenn sie sich für die nach dem Vertrag vorausgesetzte oder für die sonst gewöhnliche Verwendung nicht eignet und keine Beschaffenheit aufweist, die bei Werken der gleichen Art üblich ist und die der Auftraggeber nach der Art der Leistung erwarten kann.
9	Was versteht die VOB unter Abnahme?	Die Abnahme ist in § 12 der VOB Teil B geregelt. Danach geht mit der Abnahme die Gefahr für die Werkleistung auf den Auftraggeber über. Die Abnahme erfolgt durch: • Durchführung einer förmlichen Abnahme • sofern keine förmliche Abnahme vereinbart ist oder durchgeführt wird, nach Ablauf von 12 Werktagen nach schriftlicher Mitteilung über die Fertigstellung der Leistung • durch in Benutzungsnahme der Leistung (nicht aber nur von Teilleistungen) durch den Auftraggeber.

Nr.	Frage	Antwort
10	Welche Möglichkeiten hat ein Auftraggeber, auf den ursprünglichen Verlauf der Gewährleistungsfrist einzuwirken?	Bis zur erfolgten Abnahme können beide Seiten die Gewährleistungsfristen einvernehmlich ändern. Werden in der Gewährleistungsfrist Mängel festgestellt und diese ganz oder nur teilweise abgestellt, so beginnt, bei einem VOB-Vertrag gemäß § 13 Nr. 5 Abs. 1, hierfür die Gewährleistung von Neuem. Bei einem BGB-Bauvertrag beginnt die Frist nur dann neu zu laufen, wenn die Mängelbeseitigung eine Anerkenntnis darstellt (§ 212 BGB).
11	Im AGB-Gesetz wird eine Verkürzung der Gewährleistungsfristen gemäß den Regelungen des BGB als unzulässig dargestellt. Die VOB genießt hier eine Ausnahmeregelung, warum?	Die VOB stellt eine einvernehmliche Regelung zwischen den Parteien dar.
12	Wann verjähren Bauleistungen, besonders unter den Gesichtspunkten der VOB und des BGB?	Die Gewährleistungsfristen betragen nach VOB 4 Jahre und nach BGB 5 Jahre nach Abnahme.
13	Es wird behauptet, dass ein Schiedsgutachten einen Fall oder Rechtsstreit rechtlich entscheidet. Nehmen Sie dazu Stellung.	Ein Schiedsgutachten ist nur dann verbindlich, wenn dies ausdrücklich zwischen den Parteien vereinbart wird. Dies betrifft jedoch nur die Tatsachenebene. In einem eventuell folgenden Zivilverfahren werden nur noch rechtliche Aspekte behandelt, sofern nicht technische Aussagen des Schiedsgutachten offensichtlich falsch sind.

Nr.	Frage	Antwort
14	a) Was versteht man nach dem Werksvertragsrecht des BGB und nach der VOB unter der Abnahme? b) Welche rechtliche Wirkungen treten durch die Abnahme nach VOB und/oder nach BGB ein? Nennen Sie mindestens 4 Rechtswirkungen.	a) Die Entgegennahme einer Bauleistung und die Anerkennung dieser Leistung als in der Hauptsache vertragsgemäß erfüllt, jedoch nicht die Anerkennung einer mangelfreien Leistung. b) • Beginn der Verjährungsfrist für die Gewährleistung • Umkehr der Beweislast bei einem Baumangel • Übergang der Gefahr • Eine Voraussetzung für die Fälligkeit der Vergütung.
15	Besteht bei Mängeln in Plänen eine Hinweispflicht des Unternehmers? Wenn ja, woher ist diese abzuleiten?	Gemäß VOB Teil B §4 Abs. 3 hat der Auftragnehmer Bedenken gegen die vorgesehene Art der Ausführung (auch wegen der Sicherung gegen Unfallgefahren), gegen die Güte der vom Auftraggeber gelieferten Stoffe oder Bauteile oder gegen die Leistungen anderer Unternehmer (dazu gehören auch die Planunterlagen eines Planers) dem Auftraggeber unverzüglich, möglichst schon vor Beginn der Arbeiten, schriftlich mitzuteilen.

Nr.	Frage	Antwort
16	Wann ist eine Werkleistung mangelhaft, im Sinne von § 633 BGB?	Ein Mangel ist eine Abweichung von der vertraglich vereinbarten Menge und Beschaffenheit einer Leistung. Der § 633 BGB unterscheidet Sach- und Rechtsmängel. Das Werk ist frei von Sachmängeln, wenn es die vereinbarte Beschaffenheit hat. Die Leistung ist insbesondere dann mangelhaft, wenn sie sich für die nach dem Vertrag vorausgesetzte oder für die sonst gewöhnliche Verwendung nicht eignet und keine Beschaffenheit aufweist, die bei Werken der gleichen Art üblich ist und die der Auftraggeber nach der Art der Leistung erwarten kann. Einem Sachmangel kommt es gleich, wenn der Unternehmer ein anderes als das bestellte Werk oder das Werk in zu geringer Menge herstellt.
17	Nennen Sie zwei Hauptpflichten aus der VOB, welche der AN einzuhalten hat?	• Pflicht zu Erbringung der vertraglichen Leistung durch den Auftragnehmer • Der Auftragnehmer hat seine Leistung in der vereinbarten Zeit zu erbringen.
18	Wodurch verlängert sich die Gewährleistungspflicht des Bauvertrages?	Hierfür ist zwischen BGB und VOB-B zu unterscheiden. Bei einem Vertrag gemäß VOB-B reicht die schriftliche Mängelrüge bzw. die Abnahme der Mängelbeseitigungsmaßnahmen. Das ist bei einem Bauvertrag gemäß BGB nicht der Fall, hier sind Hemmungen möglich.

Nr.	Frage	Antwort
19	a) Unter welchen Umständen ist es für den Sachverständigen für Schäden an Gebäuden wichtig, die Eigentumsverhältnisse eines zu begutachtenden Gebäudes zu kennen? b) Erklären Sie die Begriffe des WEG »Sondereigentum« und »Gemeinschaftseigentum«. c) Erläutern Sie an drei Beispielen für jeden Bereich die Abgrenzung zwischen Sondereigentum und Gemeinschaftseigentum.	a) • bei erforderlichen Untersuchungen mit zerstörenden Maßnahmen • wegen der Zugänglichkeit zu einem Untersuchungsbereich • wegen des Ausgangspunktes einer Schadensursache b) • Sondereigentum: bei in sich abgeschlossenen Wohn- oder Gewerbeeinheiten die Oberböden oder die Sanitärgegenstände, sowie eindeutig zugeordnete Garagen • Gemeinschaftseigentum: Grundstück, Anlagen und Einrichtungen für den gemeinschaftlichen Gebrauch, sowie Teile eines Gebäudes, die für dessen Bestand oder Sicherheit erforderlich sind c) • Die Bodenfläche eines Stellplatzes in einer Garage ist Sondereigentum, während die Fahrbahn Gemeinschaftseigentum ist. • Die Innenseite eines Fensters ist Sondereigentum, während die Außenseite (Fassade) Gemeinschaftseigentum ist. • Der Bodenbelag einer Dachterrasse ist Sondereigentum, während die Abdichtung Gemeinschaftseigentum ist.
20	Was ist ein Gefälligkeitsgutachten?	Ein Gutachten, das die Interessen einer Partei einseitig bevorzugt und deshalb nicht als unparteilich angesehen werden kann.

Nr.	Frage	Antwort
21	Zur Dokumentation von Schadens-fällen kann eine private oder eine gerichtliche Beweissicherung vor-genommen werden. a) Nennen Sie die jeweils einschlä-gige Rechtsgrundlage. b) Nennen Sie je einen Vor- und Nachteil des Verfahrensweges.	a) • privat: keine gesetzliche Regelung • gerichtlich: Zivilprozessordnung b) • Vorteil privat: Sicherung von Bewei-sen in eiligen Fällen; Nachteil: Privat-gutachten ist für einen Rechtsstreit unverbindlich • Vorteil gerichtlich: Hemmung der Verjährung von Gewährleistungs-ansprüchen; Nachteil: keine Einfluss-nahme auf die zeitliche Durchführung möglich
22	a) Welche Regelverjährungsfristen gelten für Bauleistungen und wo sind Festlegungen hierzu getrof-fen? b) Wann beginnt die Laufzeit der Verjährung? c) Können abweichende Festlegun-gen getroffen werden?	a) • BGB: 5 Jahre für Arbeiten an Gebäu-den, 2 Jahre für Arbeiten an Grund-stücken • VOB Teil B: 4 Jahre für Arbeiten an Gebäuden, 2 Jahre für Arbeiten an Grundstücken und für vom Feuer be-rührte Teile von Feuerungsanlagen b) mit der Abnahme c) ja, durch vertragliche Vereinbarung
23	Definieren Sie den Begriff »All-gemein anerkannte Regeln der Bautechnik«. Wo sind Regeln wie definiert?	Bei den Allgemein anerkannten Regeln der Bautechnik handelt es sich um technische Regeln für den Entwurf und die Ausfüh-rung baulicher Anlagen, die • in der Wissenschaft als theoretisch rich-tig anerkannt sind, • dem auf neuestem Erkenntnisstand fort-gebildeten Bauleistenden bekannt sind • sich in fortdauernder praktischer Anwen-dung bewährt haben.

Nr.	Frage	Antwort
24	a) Was versteht man unter einem Generalunternehmer und einem Generalübernehmer? b) Wo liegt der Unterschied?	a) Ein Generalunternehmer erbringt alle für die Herstellung einer baulichen Anlage erforderlichen Bauleistungen. Ein Generalübernehmer erbringt zusätzlich auch alle Planungsleistungen. b) Ein Generalunternehmer führt wesentliche Bauleistungen durch den eigenen Betrieb aus. Ein Generalübernehmer lässt Bau- und Planungsleistungen durch Nachunternehmer ausführen.
25	VOB B § 12 Ziffer 3 sieht vor, dass die Abnahme bis zur Beseitigung wesentlicher Mängel verweigert werden kann. Definieren Sie den Begriff »wesentlicher Mangel« und geben Sie 3 praktische Beispiele aus verschiedenen Bereichen für einen wesentlichen Mangel.	Ein wesentlicher Mangel wird durch Art, Umfang und Auswirkung auf die Gebrauchstauglichkeit bestimmt. Beispiele: • Die Wohnungseingangstür lässt sich nicht abschließen. • Die Nutzung von Räumen ist mangels Heizbarkeit nicht möglich. • Die Nutzung von Räumen ist wegen erforderlicher Nachbesserungsarbeiten an Bodenbelägen nicht möglich.
26	Was bedeutet die gesamtschuldnerische Haftung von Architekt und Bauunternehmer dem Bauherrn gegenüber? Es genügt die wesentliche Rechtseinwirkung stichwortartig zu benennen.	Beide können wegen einem Mangel in Anspruch genommen werden, der im Verantwortungsbereich beider liegt, der Architekt für einen Ausführungsfehler, den er durch ordnungsgemäße Bauüberwachung hätte verhindern können, der Bauunternehmer für einen Planungsfehler, den er hätte erkennen müssen und durch Anmelden von Bedenken hätte verhindern können.

Nr.	Frage	Antwort
27	In welchen Fällen verlängert sich die Haftung auf 30 Jahre? Nennen Sie 2 Beispiele.	Altes Schuldrecht gilt: • bei einem arglistig verschwiegenen Mangel Beispiel: Eine Wand besteht aus Mauerwerk minderer Qualität als angeboten und abgerechnet. • bei Organisationsverschulden Beispiel: Die Schichtdicke einer Abdichtung aus Bitumen-Dickbeschichtung wurde vom Bauleiter nicht geprüft. Nach dem neuen, zum 1.1.2002 in Kraft getretenen Schuldrecht gilt die regelmäßige Verjährungsfrist. Die Frist beträgt zwar nur 3 Jahre, beginnt aber erst bei Schadenseintritt und Kenntnis (§ 199 BGB).
28	Was sind nach der VOB Nebenleistungen?	Nebenleistungen sind Leistungen, die der Unternehmer zur Erbringung seiner vertraglichen Leistungen erbringen muss ohne dafür eine besondere Vergütung zu erhalten. Dazu gehören zum Beispiel: • Aufmaß • Erstellung von Werkzeichnungen für das eigene Gewerk • Auf- und Abbau der Arbeitsgerüste • Prüfen der Vorleistungen • Vornehmen von Schutzmaßnahmen zur Sicherung des eigenen Gewerks.
29	Hat die öffentlich-rechtliche Abnahme Auswirkung auf die privatrechtliche Abnahme eines Bauvorhabens? Begründen Sie Ihre Aussage, nennen Sie ein Beispiel.	Nein, die öffentlich-rechtliche Abnahme erfolgt durch das Bauamt und betrifft planungs- und baurechtliche Aspekte. Die privatrechtliche Abnahme erfolgt durch den Auftraggeber und betrifft die vertragsrechtlichen Aspekte. Ein Werk muss beiden Aspekten genügen, um mängelfrei zu sein.

Nr.	Frage	Antwort
30	Es sind Schäden an einem Flachdach vorhanden. Sie als Sachverständiger sollen diese beurteilen und sehen zusätzlich im Ortstermin, dass die Fassadenverkleidung schadhaft ist. a) Wie verhalten Sie sich in einem selbstständigen Beweisverfahren als Gerichtsgutachter? b) Wie verhalten Sie sich als Privatgutachter? c) Die Fassadenbekleidung löst sich und Teile fallen herunter. Wie verhalten Sie sich?	a) Grundsätzlich sind nur die Fragen des Beweisbeschlusses Gegenstand des Ortstermins und der späteren Gutachtenbearbeitung. Es kann jedoch sinnvoll erscheinen einen Punkt zusätzlich mit aufzunehmen um einen weiteren Ortstermin zu ersparen. Dies kann jedoch nur dann erfolgen, wenn alle Parteien beim Ortstermin anwesend sind und diese einvernehmlich der Ergänzung des Beweisbeschlusses zustimmen. Dieser Umstand ist im Gutachten deutlich herauszustellen. Es ist zu erwägen, diesen Punkt in einem Beiblatt außerhalb des Gutachtens abzuhandeln. b) Als Privatgutachter hat der Sachverständige eine Beratungspflicht. Er sollte seinen Auftraggeber entsprechend informieren und hinsichtlich der weiteren Vorgehensweise beraten. c) Hier besteht Gefahr für Leib und Leben Dritter. Der Sachverstände hat auf Grund seiner Fachkenntnis den Eigentümer des Objekts diesbezüglich zu informieren.
31	Angenommen, Sie haben als Sachverständiger in einem selbstständigen Beweisverfahren ein Gutachten über behauptete Mängel an einem Mehrfamilienhaus erstellt. Das Verfahren ist abgeschlossen. Nun fragt Sie die Hausverwaltung dieses Mehrfamilienhauses, ob Sie bereit sind, die Bauüberwachung und die Abnahme der vom Bauträger zugesagten Renovierungsarbeiten an diesem Gebäude zu übernehmen. Was ist dabei Ihrerseits zu beachten?	Es muss sichergestellt werden, dass der betreffende Unternehmer hiermit einverstanden ist, da sich der Sachverständige sonst im Nachhinein einem Befangenheitsvorwurf aussetzen könnte.

3   Bauphysikalische Grundlagen

Nr.	Frage	Antwort
1	Was ist Wärme?	Wärme ist die Bewegungsenergie der Materie. In allen Medien (auch in festen Medien) sind die Atome stets in Bewegung. Sind die Atome nicht mehr in Bewegung, dann ist der absolute Nullpunkt erreicht. Der liegt bei –273 °C bzw. 0 Kelvin.
2	In welcher Form kann Wärme transportiert werden?	Wärmetransport bzw. Wärmeausbreitung erfolgt auf folgende Art und Weise: • Stoßimpulse der Atome untereinander • Wärmeströmung (in gasförmigen und flüssigen Medien) • elektromagnetische Strahlung (z. B. Sonnenlicht)
3	Was versteht man unter dem Wärmedurchlasswiderstand?	Jedem Material können spezifische Eigenschaften zugeordnet werden. Diese sind nahezu unveränderlich und unabhängig vom Ort reproduzierbar. Eine von diesen Fähigkeiten ist der spezifische Widerstand eines Materials, Wärme zu leiten. Diese Fähigkeit wird mit R, wie Resistenz, als Wärmedurchlasswiderstand erfasst. Homogene Bauteile haben einen gleichmäßigen Wärmedurchlasswiderstand über die gesamte Schichtdicke. Gesamte Konstruktionen, die wir z. B. als Wandbauteil kennen, setzen sich aus mehreren Einzel-Wärmedurchlasswiderständen zusammen, die aus den Schichten des Bauteils gebildet werden können. Der Wärmedurchlasswiderstand R resultiert aus der Bauteildicke und der Wärmeleitfähigkeit λ der Schicht. Die Einheit für R ist m^2K/W.

Nr.	Frage	Antwort
4	Was versteht man unter Wärmeleitfähigkeit?	Die Wärmeleitfähigkeit λ (W/mK) eines Stoffes wird von der Rohdichte und somit von der Porenstruktur des Baustoffs mit beeinflusst. Bei Materialien mit einer hohen Rohdichte kann man von einer grundsätzlich guten Leitfähigkeit ausgehen. Genau tabellierte Werte zur Wärmeleitfähigkeit liegen nur für tatsächlich trockene Baustoffe vor. Die sorptiven Eigenschaften des Materials und des daraus resultierenden Ausgleichfeuchtegehalts des Baustoffs steht in Korrelation zur relativen Luftfeuchte, die damit die Wärmeleitfähigkeit erhöht. Die Einheit der Wärmeleitfähigkeit λ ist $W/m \cdot K$. Der λ-Wert steht für die Wärmemenge Q, die in einer Stunde durch eine Schicht von 1 m Dicke geleitet wird. Dabei beträgt der Temperaturunterschied zwischen den beiden Außenflächen 1 K, was mit nachstehender Formel ausgedrückt werden kann: $$Q = \lambda \cdot t \cdot A \cdot \Delta\vartheta/s \text{ [Wh]}$$ Darin bedeuten: t die Dauer des Wärmedurchgangs in Stunden [h] A die Fläche des Bauteils in m² $\Delta\vartheta$ die Temperaturdifferenz zwischen den Bauteilen in K s die Dicke in Metern [m] λ die Wärmeleitzahl

Nr.	Frage	Antwort
5	Was versteht man unter den Wärmeübergangswiderständen?	Bei der Übertragung der Wärme von der Luft wird der Wärmedurchgang in eine massive Konstruktion nicht nur von der Wärmeleitfähigkeit und dem Wärmedurchlasswiderstand sondern auch von dem Wärmeübergangswiderstand von der Luft auf das Bauteil bestimmt. Abhängig ist der Wärmeübergangswiderstand vom Bewegungszustand der Luft, der Geschwindigkeit der Strömung bzw. der Konvektion, der Oberflächenbeschaffenheit, die Strahlung und Absorption beeinflusst, sowie den Temperaturverhältnissen der Umgebung. An Bauteilen unterscheidet man den inneren Wärmeübergangswiderstand R_{si} und äußeren Wärmeübergangswiderstand R_{se}. Die Wärmeübergangswiderstände stehen für die Wärmemenge Q, die in einer Stunde zwischen 1 m² Bauteil und der angrenzenden Luftschicht ausgetauscht wird.
6	Was versteht man unter dem Wärmedurchgangskoeffizienten?	Zur Vergleichbarkeit der wärmeschutztechnischen Qualität von Konstruktionen bzw. Bauteilen wird der U-Wert verwendet. Dieser Wert bildet damit die Grundlage für die energetische Bewertung von allen Außenbauteilen oder Bauteilen, die warme von kalten Raumzonen trennen. Damit kann der U-Wert als energetisches Schutzziel angesehen werden, was sich auch in den Vorgaben der EnEV wiederspiegelt. Der U-Wert bzw. Wärmedurchgangskoeffizient stellt den Wärmestrom durch ein Bauteil dar. Dieser steht für den Wärmestrom durch eine Fläche von einem m² innerhalb einer Stunde. Grundlage für diese modellhafte Bewertung bildet eine angenommene Temperaturdifferenz zwischen den beiden Oberflächen mit 1 °K konstant.

Nr.	Frage	Antwort
7	Was versteht man unter Sommerkondensation?	Der Ausfall von Sommerkondensat ist ein jahreszeitlich bedingter Sonderfall des Tauwasserausfalls. Unter sommerlichen Bedingungen kann es besonders in Kellerräumen zu dieser Erscheinung kommen. Dies geschieht hauptsächlich dann, wenn Nutzer im Sommer ihre Kellerräume lüften und warme und damit auch feuchte Luft in die kühleren Räume gelangt. Da sich die massive Konstruktion der Kellerwärme nur langsam erwärmt, liegt das Niveau der Oberflächentemperatur deutlich unter dem der warmen Luft. Wenn die warme Luft mit der kalten Kellerwand in Berührung kommt, wird Tauwasser freigesetzt. Die Lüftung von Kellerräumen in Sommermonaten führt daher nicht zu einer Trocknung der Räume, sondern zu einer Erhöhung der Feuchtigkeit in den Konstruktionen durch Tauwasser und den sorptiven Eigenschaften der Baustoffe.
8	Was versteht man unter Absorption?	Die Absorption führt zur sogenannten Ausgleichsfeuchte eines Baustoffes. Bei diesem Prozess wird Feuchtigkeit aus der Raumluft in den Baustoff durch die Kapillarkondensation eingelagert. Die Absorption ist das Resultat der Adsorption im Zusammenspiel mit der Kapillarkondensation, was ebenfalls als sorptive oder hydroskopische Eigenschaft eines Baustoffes beschrieben wird. Dies ist auch der Grund dafür, dass eine Sporenkeimung der Schimmelpize schon bei einer relativen Luftfeuchtigkeit von 80 % beginnt, da aufgrund von Adsorption in der oberflächennahen Porenstruktur genügend freies Wasser ausfällt.

Nr.	Frage	Antwort
9	Was versteht man unter Desorption?	Die Desorption ist die Umkehrung der Adsorption und beschreibt die Trocknung eines Baustoffes unter Wärmeeinwirkung. Die eingelagerte Feuchtigkeit wird wieder freigesetzt und an die Raumluft abgegeben. Desorption entsteht oft in Verbindung zur Konvektion bzw. unter dem Einfluss von Wind oder anderen Luftbewegungen.
10	Was versteht man unter Ausgleichsfeuchte?	Sowohl organische als auch anorganische Baustoffe besitzen die Fähigkeit, Feuchtigkeit aus der Luft als Ausgleichsfeuchte im Baustoff an sich zu binden. Dies geschieht aus der Beziehung zur relativen Luftfeuchte und in Abhängigkeit zu den sorptiven Eigenschaften des Materials und seiner Porenstruktur. Daher ist ein Baustoff durch die Ausgleichsfeuchte nie trocken, da Luft unter normalen Umständen immer einen relativen Feuchtegehalt besitzt. Die Ausgleichsfeuchte stellt sich immer unter dem Einfluss von zeitlichen Abläufen, den Veränderungen der Umgebungsbedingungen durch Temperaturschwankungen und der relativen Luftfeuchte ein. Da der Feuchtegehalt in einem Baustoff die Wärmeleitfähigkeit λ beeinflusst, besitzen feuchte Baustoffe eine höhere Wärmeleitfähigkeit und sind damit energetisch nicht mehr wirksam.

Nr.	Frage	Antwort
11	Welche Messgeräte gibt es zur Messung der relativen Luftfeuchte? Machen Sie jeweils eine Aussage zu dem Grad der Genauigkeit des Messverfahrens und wann es bevorzugt anzuwenden ist.	• Haarhygrometer (rel. genau, wenn geeicht, Wohnräume) • Farbhygrometer (rel. ungenau, Wohnräume) • Lithiumhygrometer (sehr genau, Steuerungsanlagen) • Psychrometer (sehr genau, aufwändig) • kapazitiver Feuchtesensor (genau, übliche Messgeräte)
12	Definieren Sie die Begriffe: a) Dichtung b) Dämmung c) Isolierung.	a) Eine Dichtung soll das Eindringen von Feuchtigkeit in ein Bauteil verhindern. Man spricht auch von Abdichtungen. b) Eine Dämmung soll das Durchdringen von Schall- oder Wärmeenergie durch ein Bauteil verhindern. c) Eine Isolierung ist eine elektrotechnische Schutzmaßnahme. Elektrokabel bestehen aus einem stromführenden Kupferdraht und einer Schutzisolation aus Kunststoff.
13	Erläutern Sie: a) praktischer Feuchtegehalt b) Gleichgewichtsfeuchte. Wo sind Angaben zu deren Werte zu finden?	a) praktischer Feuchtegehalt und Gleichgewichtsfeuchte beschreiben beide den Feuchtegehalt von Baustoffen in Abhängigkeit von der rel. Luftfeuchte (Sorptionsisotherme). b) Für die Beurteilung des praktischen Wassergehalts wird häufig die Ausgleichsfeuchte gemessen bei 80 % relativer Luftfeuchte und 23 °C herangezogen (siehe auch WTA-Merkblatt 4-11-02). In der DIN 4108.
14	Wie groß ist der Temperaturunterschied zwischen zwei von der Sonne mehrere Stunden lang bestrahlten Wandteilen, die eine Hälfte in der Farbe weiß, die andere in der Farbe schwarz?	Ca. 30 – 35 K

Nr.	Frage	Antwort
15	Definieren Sie den Begriff »relative Luftfeuchte«.	Die relative Luftfeuchte beschreibt, zu wie viel Prozent der jeweilige Sättigungsfeuchtegehalt der Luft erreicht ist. $$\text{rel. LF} = \frac{\text{abs. Feuchtegehalt g/m}^3}{\text{Sättigungsfeuchte g/m}^3} \cdot 100\%$$ Da die Sättigungsfeuchte temperaturabhängig ist, ist es auch die rel. Luftfeuchte.
16	Erläutern Sie bitte in Stichworten die bauphysikalischen Begriffe: a) »Sorptionsfähigkeit« b) »Sorptionsisotherme«. c) Nennen Sie ein Beispiel für die Nutzungsmöglichkeit einer Sorptionsisotherme.	a) die Fähigkeit eines Baustoffes, Feuchtigkeit aus der Luft aufzunehmen oder an die Luft abzugeben b) für einen Baustoff charakteristischer funktionaler Zusammenhang zwischen seinem Wassergehalt und der relativen Luftfeuchte seiner Umgebung bei konstanter Temperatur c) Bestimmung der Gleichgewichtsfeuchte eines Baustoffes
17	Welche Auswirkungen hat die Farbe von PVC hart auf den thermischen Längenänderungskoeffizienten?	Je dunkler die Farbe, umso höher wird die Oberflächentemperatur bei gleicher Sonneneinstrahlung. Der thermische Längenänderungskoeffizient bleibt konstant.
18	Was ist der Unterschied zwischen elastischen Formänderungen und plastischen Formänderungen?	Elastische Formänderungen → Rückstellvermögen Plastische Formänderungen → kein Rückstellvermögen (Kaugummieffekt)
19	Was versteht man unter Schubmodul?	Eine Kraft, die tangential zu einer Körperebene angreift, heißt Schub- oder Schwerkraft. $G = E/2\ (1 + \mu)$ Der Schubmodul G lässt sich aus dem E-Modul und der Querdehnungszahl bestimmen.
20	Was versteht man unter Viskosität?	Die Viskosität beschreibt die Fließfähigkeit von Flüssigkeiten.

Nr.	Frage	Antwort
21	Was ist der thermische Längenänderungskoeffizient und wie ist dieser definiert?	Der thermische Längenänderungskoeffizient α_T beschreibt die Längenänderung eines Stoffes von einem Meter Länge in m bei einer Temperaturänderung von 1 K. $\Delta\ell = \alpha_T \cdot \Delta T \cdot \ell$ [m]
22	Wann bildet sich Diffusionskondensat?	Wenn beim Durchgang von Wasserdampf durch einen Baustoff oder eine Wand Tauwasser in der Konstruktion auftritt, weil der Taupunkt erreicht ist.
23	Definieren Sie den Begriff Elastizitätsmodul. Nennen Sie jeweils ein Beispiel für einen Stoff mit einem hohen und einem geringen Elastizitätsmodul.	Bezeichnung E [N/mm²]. Bei einachsigem Spannungszustand gilt: Spannung = E-Modul · Dehnung (Hookesches Gesetz). • hoher E-Modul: Beton • kleiner E-Modul: Kautschuk (Dichtstoff)
24	Bereiche von Gebäudeeinfassung, deren Innenoberfläche trotz gleichmäßiger Beheizung erheblich kälter ist als die von danebenliegenden Flächen, wurden früher auch als »Kältebrücke« bezeichnet. Heute wird hierfür im technischen Bereich ausschließlich der Begriff »Wärmebrücke« verwendet. a) Begründen Sie kurz diese Begriffsfestlegung. b) Warum sind die Oberflächentemperaturen so bezeichneter Bauteiloberflächen trotz gleichmäßiger Raumbeheizung niedriger als die anderer Bauteile?	a) Die Bereiche weisen einen geringeren Wärmedämmwert auf, was einen größeren Wärmeverlust – deshalb die Bezeichnung Wärmebrücke – und eine geringere Oberflächentemperatur – deshalb die Bezeichnung Kältebrücke – zur Folge hat. Außerdem ist in der Physik der Begriff Kälte nicht gebräuchlich. b) Die Bereiche weisen einen geringeren Wärmedämmwert (eine höhere Wärmestromdichte) auf und kühlen infolge des höheren Wärmeverlustes stärker ab. Dies kann dadurch begründet sein, dass diese Bereiche aus Baustoffen mit einer höheren Wärmeleitzahl (λ-Wert) hergestellt wurden, eine geringere Dicke oder in Eckbereichen ein ungünstiges Verhältnis von Innen- und Außenflächen (Geometrische Wärmebrücke) aufweisen oder einen höheren Feuchtegehalt besitzen.

Nr.	Frage	Antwort
25	Erläutern Sie bitte in Stichworten die Begriffe a) Wasserdampfdiffusion b) Wasserdampfkonvektion c) Vergleichen Sie die Effektivität der vorgenannten Vorgänge.	a) Transport von Wasserdampf durch ein Bauteil mit geschlossenen Schichten aufgrund unterschiedlicher Wasserdampfkonzentrationen in der Luft auf beiden Seiten des Bauteils. b) Transport von Wasserdampf durch Luftströmung. c) durch Konvektion wird ein Vielfaches mehr an Wasserdampf transportiert als durch Diffusion.
26	In einem klimatisierten Wohnraum beträgt die Raumlufttemperatur 20 °C und die relative Luftfeuchte 50 %. Wie verändern sich die nachfolgend genannten Klimadaten, wenn man nur die Raumlufttemperatur nach oben oder unten verändert? a) rel. Luftfeuchtigkeit (%) b) Taupunkttemperatur (°C) c) Wassergehalt der Luft (g/m³) d) Wasserdampfteildruck der Luft (Pa) e) Wassersättigung der Luft (g/m³) f) Wasserdampfsättigungsdruck (Pa)	a) Die relative Luftfeuchtigkeit wird bei steigender Temperatur geringer und bei sinkender Temperatur größer. b) Die Taupunkttemperatur wird bei steigender Temperatur höher und bei sinkender Temperatur niedriger. c) Der (absolute) Wassergehalt ändert sich nicht, solange es nicht zu Tauwasserausfall kommt. d) Der Wasserdampfteildruck wird nur vom absoluten Wassergehalt bestimmt und ändert sich deshalb nicht, solange es nicht zu Tauwasserausfall kommt. e) Die maximal aufnehmbare Wassermenge wird bei steigender Temperatur größer und bei sinkender Temperatur kleiner. f) Der Wasserdampfsättigungsdruck wird bei steigender Temperatur größer und bei sinkender Temperatur kleiner.

Nr.	Frage	Antwort
27	Bewerten Sie folgende Untersuchungsmethoden zur Ermittlung von Baustofffeuchtigkeiten für den praktischen Einsatz eines Sachverständigen für Schäden an Gebäuden: a) Gravimetrische Bestimmung der Feuchtigkeit (Darr-Methode) b) Calcium-Carbid-Methode c) Leitfähigkeitsmessung. Machen Sie jeweils Angaben zu folgenden Punkten: • Wirkungsweise • Praktische Anwendbarkeit und • Fehlermöglichkeiten/Messgenauigkeit.	*a) Darr-Methode:* • Entnommene Materialprobe wird vor und nach dem Trocknen gewogen und damit der massebezogene Wassergehalt ermittelt. • Wegen der Dauer der Untersuchung und dafür notwendiger Geräte (für Baustellenmessungen nicht geeignet; zerstörende Untersuchung) • Fehlermöglichkeit, wenn Probe bei der Entnahme durch Wärmeentwicklung (durch Bohren) oder auf dem Weg zum Untersuchungsort Feuchtigkeit abgibt • Exakte quantitative Messung des Wassergehaltes. *b) Calciumcarbid-Methode:* • Die entnommene Materialprobe wird gewogen und in einer Stahlflasche mit Calciumcarbid in Verbindung gebracht. Durch den Druck des entstehenden Acethylengases lässt sich der Wassergehalt an Hand von Tabellen bestimmen. • Für einzelne Baustellenmessungen geeignet; zerstörende Untersuchung • Fehlermöglichkeit, wenn Probe bei der Entnahme durch Wärmeentwicklung Feuchtigkeit abgibt (durch Bohren) • Hinreichend genaue quantitative Messung des Wassergehaltes. *c) Leitfähigkeitsmessung:* • Durch Messung der elektrischen Leitfähigkeit eines Stoffes kann auf den Wassergehalt geschlossen werden. Dazu muss jedoch der Salz- oder Elektrolytgehalt des Messguts bekannt sein. Man benötigt dafür eine entsprechende Eichkurve. • Für systematische Baustellenmessungen, als reine Vergleichsmessung bedingt geeignet; zerstörungsfreie Untersuchung. • Qualitative Messung zur Ermittlung von Stellen mit relativ unterschiedlicher Leitfähigkeit und wahrscheinlich unterschiedlichem Wassergehalt. Außer bei Holz, wegen meist fehlender Eichkurven, keine genauen quantitativen Messungen möglich.

Nr.	Frage	Antwort
28	Was bedeutet die Angabe KBE/m³ bzw. KBE/g?	KBE = Koloniebildende Einheiten (»keimfähige Sporen«) KBE/m³ = KBE/m³ Luft (Raumluft oder Außenluft) KBE/g = KBE/g Substanz (z. B. Substanz von Wandoberfläche)
29	Was beschreibt der a_w-Wert?	Der a_w-Wert oder Wasseraktivitätswert beschreibt die relative Luftfeuchtigkeit auf dem Substrat (Wandoberfläche). Definition: $$a_w = \frac{\text{relative Luftfeuchtigkeit}}{100}$$ Beispiel: rel. Luftfeuchte = 70 % $$a_w = \frac{70}{100} = 0{,}7$$ $a_w \geq 0{,}7$ bedeutet grundsätzliche Möglichkeit des Schimmelpilzwachstums sogenannter xerophiler Pilze (xerophil = »trockenliebend«) auf der Wandoberfläche. Ein a_w-Wert $\geq 0{,}8$ bedeutet grundsätzliche Schimmelwachstumsgefahr (80 % Luftfeuchtigkeit bedeutet Grenzwert für Mindestwärmeschutz nach DIN 4108-2 und Schimmelkurve).

Nr.	Frage	Antwort
30	Wie kann der a_w-Wert bestimmt werden?	Der a_w-Wert kann durch Messung nur ungenau also **größenordnungsmäßig** ermittelt werden. Die Bestimmung erfolgt durch Messung der relativen Luftfeuchte vor der Wandoberfläche (nicht auf der Wandoberfläche). Die **genaue** Ermittlung des a_w-Wertes erfolgt durch Messung der relativen Luftfeuchtigkeit im Raum, der Lufttemperatur und der Oberflächentemperatur auf der Wandoberfläche am besten auf Wärmebrücken. Aus den ermittelten Werten wird die absolute Luftfeuchtigkeit berechnet.

$$\frac{\text{Sättigungsfeuchte} \cdot \text{relative Luftfeuchtigkeit}}{100}$$

Es kann dann der a_w-Wert nach folgender Formel bestimmt werden:

relative Luftfeuchtigkeit

$$= \frac{\text{abs. Feuchte g/m}^3}{\text{Sättigungsfeuchte g/m}^3} \cdot 100$$

Beispiel:
rel. Luftfeuchte im Raum: 50 %
Temperatur im Raum: 20 °C
Sättigungsfeuchte bei 20 °C: 17,3 g/m³

$$\text{Absolute Feuchte} = \frac{17,3 \cdot 50}{100} = 8,65 \text{ g/m}^3$$

Niedrigste Wandoberflächentemperatur: 12 °C
Sättigungsfeuchte bei 12 °C = 10,65 g/m³
relative Luftfeuchte auf der Wandoberfläche:
rel. Luftfeuchtigkeit =

$$\frac{\text{abs. Feuchte 8,65 g/m}^3}{\text{Sättigungsfeuchte 10,65 g/m}^3} \cdot 100 = 81\%$$

$$a_w = \frac{\text{rel. Luftfeuchtigkeit}}{100} = \frac{81}{100} = 0,81$$

Nr.	Frage	Antwort
31	Welche Bedeutung hat der pH-Wert für das Schimmelwachstum?	Das Schimmelpilzwachstum ist vom pH-Wert abhängig. Die meisten Schimmelpilzarten wachsen am besten bei pH-Werten um den Neutralpunkt. Niedrige (saure) pH-Werte und hohe (alkalische) pH-Werte stellen einen gewissen Schimmelschutz dar. Deshalb werden permanent hochalkalische Beschichtungen (Silikatfarben) in Innenräumen als prophylaktischer, biozidfreier Schimmelschutz eingesetzt. Sie reagieren bei Wasserbelastung (hoher Luftfeuchtigkeit) durch Hydrolyse der enthaltenen Pottasche hochalkalisch (pH-Wert $\approx$ 12). $$K_2CO_3 \; + \; H_2O \; \xrightarrow{\text{Hydrolyse}} \; KOH \; + \; H_2O \; + \; CO_2$$ Pottasche Wasser Kalilauge Kohlensäure
32	Flüssiges Wasser und Wasserdampf haben die chemische Formel H_2O. Trotzdem besteht zwischen beiden ein fundamentaler Unterschied. Beschreiben Sie diesen und zeigen Sie die Folgen auf.	Wasser hat eine Dipolstruktur. Der Wasserdampf trägt eine positive Ladung, der Sauerstoff eine negative. Im flüssigen Wasser, in dem sich die einzelnen Moleküle sehr nahe sind, baut sich eine Konglomeratstruktur auf, da sich die Wasserstoffatome zum Sauerstoff hin und umgekehrt orientieren. Es entstehen also relativ große Molekülverbände. Sie beeinflussen die Beweglichkeit und z. B. die Eindringfähigkeit flüssigen Wassers in Poren. Durch Energiezufuhr (Temperaturerhöhung) wird die Beweglichkeit der Moleküle erhöht. Sie streben auseinander und verlassen schließlich den Molekülverband. Es entstehen Einzelmoleküle (Wasserdampf). Diese können wegen ihrer geringen Größe und Beweglichkeit auch durch Feststoffe wandern. Man spricht dann von der Wasserdampfdiffusion.

Nr.	Frage	Antwort
33	Wenn ein Liter flüssiges Wasser verdampft, entstehen wie viele Liter Wasserdampf?	1 Liter Wasser hat eine Masse von 1 000 g. Das Molgewicht des Wassers beträgt 18 (H = 1 und O = 16 → H_2O = 18). 1 000 g Wasser entsprechen also 55,56 Mol (1 000 : 18 = 55,56). Das Molvolumen eines Gases beträgt 22,4 Liter. Also entstehen aus einem Liter flüssigen Wassers (22,4 · 55,56) = 1 244 Liter Wasserdampf.
34	Wie hoch kann Wasser auf kapillarem Weg maximal steigen?	Die Grenze der Kapillarität wird bei einem Radius von 10^{-7} m erreicht. Bei kleineren Radien findet kein kapillarer Transport flüssigen Wassers mehr statt. Setzt man diesen Grenzradius von 10^{-7} m in die Steighöhengleichung der Kapillargesetze ein, ergibt sich eine maximale Steighöhe von 149 m. In der Natur bedeutet dies, dass Bäume maximal 149 m hoch werden können.
35	Eine Ziegelprobe und eine Porenbetonprobe besitzen beide einen absoluten Feuchtegehalt von 10 M.-%. Der Ziegel hat eine Rohdichte von 2,0 kg/dm³, der Porenbeton von 0,6 kg/dm³. Wie viele Liter Wasser enthält jeweils 1 m³ der beiden Baustoffe? Geben Sie außerdem den durchschnittlichen Feuchtegehalt Φ in m³/m³ an.	Der Feuchtegehalt in M.-% muss in Vol.-% umgerechnet werden: • Ziegel: 10 M.-% · 2,0 = 20 Vol.-% • Porenbeton: 10 M.-% · 0,6 = 6 Vol.-% Auf den Kubikmeter umgerechnet ergibt das: • Ziegel: 200 ℓ H_2O/m³ oder Φ = 0,2 m³/m³ • Porenbeton: 60 ℓ H_2O/m³ oder Φ = 0,06 m³/m³

Nr.	Frage	Antwort
36	Wie kann man kapillar aufsteigende Feuchtigkeit im Mauerwerk nachweisen?	Eine direkte Messung ist nicht möglich. Es wird ein indirekter Nachweis durch Bestimmung des kapillaren Durchfeuchtungsgrads geführt. Nimmt dieser mit zunehmender Mauerhöhe ab, liegt häufig kapillar aufsteigende Mauerfeuchte vor. Bei umgekehrter Feuchteverteilung spielen Kondensation (Tauwasser) und/oder hygroskopische Feuchteaufnahme eine Rolle (Salzanalytik beachten!).
37	Das Glaser-Verfahren wird auch heute noch für diffusionstechnische Berechnungen insbesondere in Verbindung mit Innendämmungen herangezogen. Worin liegt der bauphysikalische Schwachpunkt des Verfahrens? Für welche Art von Innendämmungen ist es zur Gänze ungeeignet? Nennen Sie ein Rechenverfahren, das die Schwächen des Glaser-Verfahren ausschaltet.	Das Glaser-Verfahren berücksichtigt für den Wassertransport ausschließlich die Wasserdampfdiffusion. Die wesentlich leistungsfähigere Kapillarität wird nicht erfasst. Damit wird die Funktionalität kapillaraktiver Baustoffe völlig falsch bewertet. Das Glaser-Verfahren kann deshalb für die diffusionstechnische Bewertung von kapillaraktiven Innendämmungen nicht herangezogen werden. Ein geeignetes Rechenverfahren für derartige Fälle ist z. B. das COND-Verfahren der TU Dresden.

4 Bauchemische Grundlagen

Nr.	Frage	Antwort
1	Erläutern Sie den Begriff der elektrochemischen Korrosion und nennen Sie ein Beispiel. Was ist dagegen chemische Korrosion?	Elektrochemische Korrosion ist die Zersetzung eines unedleren durch ein edleres Metall unter Einwirkung eines Elektrolyten (z. B. angesäuertes Wasser) aufgrund von Ionenaustausch. Beispiel: Korrosion von Zink beim Kontakt mit Kupfer unter Einwirkung von (saurem) Regenwasser. Chemische Korrosion ist die Umwandlung von Eisen zu Eisenoxid (Rost) unter Einwirkung von Sauerstoff und Wasser.
2	Welcher Unterschied besteht zwischen Teer und Bitumen?	Teer wird aus Steinkohle gewonnen und ist giftig; Bitumen wird aus Erdöl gewonnen und ist nicht giftig.
3	Was ist der Unterschied zwischen einer Bitumenlösung und einer Bitumenemulsion?	Bei einer Lösung sind die Bitumenteilchen in einem org. Lösungsmittel gelöst. Bei einer Emulsion sind sie mit Hilfe eines Emulgators in Wasser fein verteilt.
4	Welche Auswirkungen haben Öle und Fette auf Beton?	Mineralische Öle und Fette (Dieselöl, Heizöl, Benzin) greifen Beton chemisch nicht an, können jedoch in trockenen, Wasser undurchlässigen Beton eindringen und die Druckfestigkeit herabsetzen. Tierische und pflanzliche Öle und Fette können Betonoberflächen anlösen und aufweichen.
5	Welchen Einfluss hat der w/z-Wert auf die Eigenschaften von Beton?	Mit steigendem w/z-Wert nimmt die Kapillarporosität zu und damit der Carbonatisierungswiderstand ab, ebenso die Langzeitbeständigkeit und die Druckfestigkeit.
6	Was versteht man unter Polymerisation?	Eine chemische Reaktion bei der Moleküle mit chemischen Doppelbindungen vernetzt und verkettet werden, z. B. Ethylen zu Polethylen.

Nr.	Frage	Antwort
7	Was versteht man unter Elastomeren?	Polymere, die sich von tiefen Temperaturen an bis zur Zersetzungstemperatur gummielastisch verhalten.
8	a) Was versteht man unter Patina auf Kupferdächern? b) Was versteht man unter Grünspan? Ist Grünspan identisch mit der Patina von Kupferdächern?	a) Früher Bildung von Cu-Carbonat (basisch), heute auch Bildung von Cu-Sulfat (basisch) b) Grünspan ist basisches Kupferacetat und wurde als Pigment verwendet. Im Volksmund wird die grüne Patina auf Kupferdächern als Grünspan bezeichnet. Die Identität ist nicht gegeben.
9	a) Wie ist das Korrosionsverhalten von Aluminiumlegierungen zu beurteilen? b) Unter welchen Bedingungen müssen Bauteile aus Aluminiumlegierungen gegen Korrosion geschützt werden? c) Welche Schutzvorkehrungen gegen Korrosion von Aluminiumlegierungen werden bauüblich angewendet Nennen Sie mindestens 2 Maßnahmen.	a) Die Korrosionsbeständigkeit ist wesentlich besser als bei Eisen und Stahl, weil Nichteisenmetalle an der Luft eine dichte Oxidschicht an der Oberfläche bilden, die vor weiterer Korrosion schützen b) bei Kontakt mit Beton, Zement- oder Kalkmörtel, sowie bei Kontakt zu alkalischen oder saueren Substanzen c) • Eloxierung • Beschichtung mit Kunststofflacken
10	Was versteht man unter Elektrokinese?	Die Bewegung von H_2O-Molekülen im elektrischen Feld.
11	a) Welche Kalke gehören zu den Baustoffgruppen der Luftkalke und hydraulischen Kalke? b) Welche Unterschiede bestehen im Hinblick auf die mörteltechnischen Eigenschaften? Nennen Sie je mindestens 4 typische Eigenschaften oder Unterschiede zwischen den Gruppen.	a) Nach DIN 1060 bzw. DIN 459 CL = Kalkhydrat DL = Dolomitkalkhydrat HL = hydraulische Kalke b) Festigkeitsentwicklung, Frostbeständigkeit und Salzbeständigkeit sind bei HL höher bzw. besser. Elastizitätsverhalten ist bei CL und DL besser, da der Elastizitätsmodul niedriger ist.

Nr.	Frage	Antwort
12	Welcher Vorgang reduziert den Korrosionsschutz von Stahl in Beton?	Die Carbonatisierung des Zementsteins im Beton. Dabei wird durch CO_2-Aufnahme der pH-Wert herabgesetzt. Ab einem pH-Wert von ca. 9 ist die Bewehrung korrosionsbereit und kann bei Gegenwart von H_2O und O_2 rosten.
13	Für die Beurteilung einer frei bewitterten Betonkonstruktion sollen Sie als Sachverständiger die »Carbonatisierung« überprüfen. a) Was verstehen Sie unter dem Begriff Carbonatisierung? b) Was versteht man unter Carbonatisierungstiefe? c) Wie können Sie auf der Baustelle die Carbonatisierungstiefe bestimmen?	a) Die Umwandlung von Calciumhydroxid ($CaOH_2$), das im Zementstein des Betons enthalten ist, in Calciumcarbonat ($CaCO_3$) bei Einwirkung von Kohlendioxid (CO_2) der Umgebungsluft. Durch die Carbonatisierung ändert sich der pH-Wert des Betons von alkalisch zu neutral und verliert den Korrosionsschutz für die Bewehrung. b) das Vordringen (Eindringtiefe) der Carbonatisierung von der Oberfläche in das Innere des Betonbauteils) c) durch Aufsprühen einer pH-Indikator-Lösung auf eine frische Ausbruchstelle (z. B. Phenolphthalein-Lösung). Nicht carbonatisierte Bereiche verfärben sich (violett bei Phenolphthalein). Der Farbumschlag erfolgt bei einem pH-Wert von etwa 9,5.
14	a) Was sind BV- und LP-Zusatzstoffe? b) Wie wirken Sie? c) Welche Effekte kann man mit diesen Stoffen erreichen? (Nennen Sie hierzu je 3 Beispiele).	a) BV = Betonverflüssiger LP = Luftporenbildner b) Sie erhöhen die Fließfähigkeit und die Porosität durch Luftporenbildung. c) • Der w/z-Wert kann niedriger gehalten werden. • Es erfolgt eine Erhöhung der Frostbeständigkeit. • Es erfolgt eine Erhöhung der Frosttausalzbeständigkeit.

Nr.	Frage	Antwort
15	Erläutern Sie den wesentlichen Unterschied im Verhalten von hygroskopischen Stoffen und nicht hygroskopischen Stoffen. Nennen Sie je 1 Beispiel.	Hygroskopische Stoffe sind wasseranziehend. Der Feuchtegehalt hängt von der rel. Feuchte der Umgebungsluft ab. Hygroskopisch sind poröse Stoffe und Baustoffe mit Anreicherung löslicher Salze. Nicht hygroskopisch sind z. B. Metalle oder Glas.
16	a) Was sind Chloride, Sulfate, Nitrate, Silikate? b) Welche Bedeutung haben sie im Bauwesen?	a) Chloride, Sulfate und Nitrate sind wasserlösliche Salze. Silikate sind Bindemittel (Silikatfarben, Silikatputze). b) Chloride, Sulfate und Nitrate sind bauschädigende Salze und können Baustoffe zerstören. Silikate sind als Bindemittel für die Entstehung von Baustoffen verantwortlich.
17	Bei Betonflächen treten oft weiße Ausblühungen auf. Wodurch entstehen solche Ausblühungen? Erläutern Sie die dabei entstehenden chemischen Reaktionen.	Es handelt sich um Auswanderungen von Calciumhydroxid $Ca(OH)_2$ und deren Reaktion mit CO_2 unter Bildung von $CaCO_3$. Ursache ist die, wenn auch geringe, Löslichkeit des $Ca(OH)_2$ in Wasser.
18	Was versteht man unter dem Begriff Selbstheilung von Rissen beim Beton?	Beton und Stahlbeton enthalten Kalkhydrat als Bindemittel. Dieses besitzt eine, wenn auch geringe, Löslichkeit in Wasser. Wandert nun das Kalkhydrat mit Wasser in Rissbereiche, kann es dort mit dem CO_2 aus der Luft reagieren und unlösliches Calciumcarbonat bilden. Auf diese Weise können feine Risse (bis ca. 0,2 mm Breite) allmählich »zuwachsen«, also von selbst »heilen«.

Nr.	Frage	Antwort
19	Was versteht man unter Hydrolyse? Benennen Sie ein Beispiel und seine Wirkung.	Hydrolyse ist die Zerlegung einer Substanz (Salz) durch Wasser. **Beispiel:** Salze bestehen aus einem kationischen (basischen) und einem anionischen (sauren) Anteil und werden durch Neutralisation (Säure-Basen-Reaktion) gebildet. Z. B. besteht Pottasche (Kaliumcarbonat K_2CO_3) aus Kohlensäure und Kalilauge. Kohlensäure ist eine schwache Säure, Kalilauge eine starke Base. Kommt K_2CO_3 mit Wasser in Verbindung, wird es durch Hydrolyse aufgespalten und zwar in die schwache Kohlensäure und die starke Kalilauge und reagiert somit stark alkalisch. Behandelt man eine Innenwandfläche mit einer silikatischen Beschichtung (Silikatfarbe oder Silikatputz), reagiert bei Feuchtebeaufschlagung (hohe relative Luftfeuchtigkeit) die Oberfläche alkalisch, weil die Beschichtung Pottasche enthält. Dieser Umstand wird als Schimmelprophylaxe genutzt.

Nr.	Frage	Antwort
20	Warum kann man gipsgebundene Baustoffe nicht direkt mit Silikatfarben oder Silikatputzen beschichten?	Gips hat die chemische Formel $CaSO_4$ und ist bedingt wasserlöslich. Bei Feuchteeinwirkung kommt es zur Dissoziation und es bilden sich Ca^{2+}-Ionen und SO_4^{2-}-Ionen. Die silikatische Beschichtung enthält Pottasche als K_2CO_3 (Kaliumcarbonat). Dieses bildet K^+-Ionen und CO_3^{2-}-Ionen. Es liegen also insgesamt Ca^{2+}-, K^+-, SO_4^{2-}- und CO_3^{2-}-Ionen vor. Nach dem Massenwirkungsgesetz bildet sich in einem solchen Fall zunächst das am schwersten lösliche Produkt, das ist in diesem Falle $CaCO_3$ also Calciumcarbonat (Kalk). Übrig bleibt K_2SO_4 (Kaliumsulfat) als lösliches, bauschädliches Salz. Ausblühungen und Salzschäden sind die Folge. Um dies zu vermeiden, wird vor dem Auftrag der silikatischen Beschichtung eine Trennschicht (Kontaktschicht) aufgebracht, die Gipssubstrat und Beschichtung chemisch trennt.
21	Worin liegt der Vorteil von Wasserstoffperoxid (H_2O_2) bei der Desinfektion z. B. schimmelbelasteter Oberflächen? Worin ein eventueller Nachteil?	Die Wirkung von H_2O_2 beruht auf der Bildung von aktivem (atomarem) Sauerstoff, der ein hohes Oxidationspotential besitzt. Als Reaktionsprodukte entstehen also Wasser und Sauerstoff ($H_2O_2 \rightarrow H_2O + O$). Beide sind ohnehin in der Luft enthalten (also biozidfrei). Nachteilig ist, dass keine vorbeugende Wirkung gegeben ist.

5 Bauwerksabdichtungen und Dränagen

Nr.	Frage	Antwort
1	Unter welcher Voraussetzung ist eine Dränung von Bauwerken erforderlich, wann nicht?	Eine Dränung ist insbesondere bei Grundstücken mit Hanglage und bei bindigem Boden (Lehm oder Ton) erforderlich. Eine Dränung ist dann nicht erforderlich, wenn der Baugrund aus stark wasserdurchlässigem Material (nicht bindiger Boden, wie: Kies und Sand) besteht oder eine Abdichtung gegen drückendes Wasser gemäß DIN 18195-6 zur Ausführung kommt.
2	Welcher DIN-Norm sind Dränagen zuzuordnen? Können Sie kurz den wesentlichsten Inhalt der Norm zusammenfassen, d. h. was umfasst sie und was steht darin?	Dränagen werden in der DIN 4095 geregelt. Die DIN regelt: • Begriffe wie Dränung, Filterschicht etc. • erforderliche Untersuchungen hinsichtlich des Baugrundes sowie des Wasseranfalls und der Grundwasserstände • Anforderungen an die Dränanlage • Planung und Bemessung der Dränanlage • Baustoffe und Bauausführung der Dränanlage.
3	Dürfen Sie bei einem Gebäude, das im Grundwasser steht, eine Dränage bauen?	Nein, sie macht keinen Sinn, da dadurch das Wasser verstärkt an das Gebäude herangeführt und nicht abgeleitet wird.
4	Was versteht man unter einer Perimeter-Dämmung?	Eine erdberührte Wärmedämmung außerhalb einer Bauwerksabdichtung.
5	Stellt eine Schicht aus mineralisch gebundenen Dichtungsschlämmen eine vollwertige Abdichtungsschicht gegen nicht drückendes Wasser im Sinne der DIN 18195-5 dar? Bitte begründen Sie Ihre Auffassung.	Für die Abdichtung gegen nicht drückendes Wasser sind nur Stoffe nach DIN 18195-2 zu verwenden. Bei mäßig beanspruchten Flächen sind darüber hinaus auch Verbundabdichtungen mit flexiblen Dichtungsschlämmen möglich, wenn deren Eignung gemäß dem ZDB-Merkblatt durch ein Prüfzeugnis nachgewiesen ist.

Nr.	Frage	Antwort
6	Was ist zu tun, wenn auf dem Kellerboden Wasser steht, und der Unternehmer behauptet, die Bodenplatte sei aus WU-Beton sowie die aufgehenden Außenwände gegen drückendes Wasser abgedichtet? Die Skizze eines SV lässt eine Sperrschicht über der ersten Steinschicht sowie Außendichtung bis auf Außenkante / oberhalb der vorstehenden Sohlplatte erkennen.	Die ausgeführte Abdichtung, wie nebenstehend beschrieben, entspricht nicht einer Abdichtung gegen drückendes Wasser gemäß DIN 18195-6. Das auf dem Kellerboden stehende Wasser lässt darauf schließen, dass tatsächlich von außen drückendes Wasser ansteht. Das Wasser dringt unterhalb der Horizontalabdichtung ein. Da auch nicht auszuschließen ist, dass drückendes Wasser den WU-Beton durchdringt, sollte Oberboden und Estrich bis auf OK Bodenplatte abgetragen werden. Desweiteren ist der Wandverputz bis ca. 30 cm über die Horizontalabdichtung abzutragen. Der Wandbereich ist mit einer Dichtschlämme zu glätten und für eine Abdichtung mit Schweißbahnen vorzubereiten. Die Schweißbahnabdichtung ist dann gemäß DIN 18195-6 auf die Bodenplatte und an den unteren Wandbereichen einzubringen. Danach sind schwimmender Estrich und Oberboden sowie Wandverputz wieder einzubauen.
7	Zeichnen Sie einen Wandanschluss für einen Feuchtraum mit Wand- und Bodenfliesen. Die Bodenfliesen sind auf einem schwimmenden Estrich verlegt.	Die Bodenabdichtung ist oberhalb des Estrichs an den aufgehenden Wänden mindestens 15 cm hoch zu führen.
8	Welche grundsätzlichen Anforderungen sind bei der Planung bzw. der Ausführung eines Dränagesystems zu berücksichtigen? (Nennen Sie mindestens vier Anforderungen).	• Die Dränleitung muss mindestens DN 100 und ein Gefälle von mindestens 0,5 % haben. • Die Dränleitung muss alle erdberührten Wände entlang der Fundamente erfassen. • Bei jedem Richtungswechsel muss ein Spülrohr mit mindestens DN 300 angeordnet werden. • Die Dränschicht muss filterfest sein. • Die Dränleitung muss unterhalb Bodenplatten-Oberkante und oberhalb Fundament-Unterkante verlaufen.

Nr.	Frage	Antwort
9	Entspricht eine Bitumendick-beschichtung den Allgemein anerkannten Regeln der Technik? Begründen Sie Ihre Meinung.	Die Anwendung von Bitumendickbeschich-tungen ist seit August 2000 in der DIN 18195 geregelt. DIN-Normen im All-gemeinen und die DIN 18195 nehmen für sich in Anspruch, Allgemein anerkannte Regel der Bautechnik zu sein. Sollte durch eine Partei daran Zweifel bestehen, so ist dies beweispflichtig.
10	Ist gemäß den einschlägigen Fach-richtlinien die Ausführung einer Abdichtung in Verbund mit dem Fliesenbelag einer Terrasse über Wohnräumen ohne weitere zusätz-liche Abdichtung zulässig?	Es muss eine Abdichtung gemäß DIN 18195-5 »Abdichtungen gegen nicht drü-ckendes Wasser auf Deckenflächen und in Nassräumen« erfolgen. Die Abdichtung kann aus unterschiedlichen Materialien, wie zum Beispiel Bitumen- oder Poymerbi-tumenbahnen, Elastomer-Bahnen, Asphalt-mastix oder Kunststoff-Dichtungsbahnen, hergestellt werden. Die Abdichtungen sind an aufgehenden Bauteilen mindestens bis 15 cm über Oberkante Fertigfußboden zu führen.
11	DIN 18195 Bauwerksabdichtungen unterscheidet zwischen Abdich-tungen gegen Bodenfeuchtigkeit, Sickerwasser und drückendes Was-ser. Unter welchen Beanspruchungen genügt z. B. für den gemauerten Keller eines Einfamilienhauses eine fachgerechte Abdichtung gegen Bo-denfeuchtigkeit den Anforderungen und wann nicht?	• Ausreichend: Bei stark durchlässigem Boden in ebe-nem Gelände ohne Beanspruchung durch Stauwasser, also auch bei wenig durch-lässigem Boden oder Hanglage, wenn eine funktionssichere Dränage vorhanden ist. Dabei muss die Bauwerkssohle mindes-tens 30 cm oberhalb des höchsten, zu erwartenden, Grundwasserstandes lie-gen. • Nicht ausreichend: Bei zeitweise aufstauendem Sickerwasser (bei bindigem Boden ohne Dränage ge-mäß DIN 4095), drückendem Wasser oder gar, wenn das Gebäude im Grundwasser steht.

Nr.	Frage	Antwort
12	Erläutern Sie die Unterschiede in Wirkungsweise und Einsatzbereich von so genanntem Sperrputz und Sanierputz in Stichworten.	• Sperrputz: Ein Sperrputz soll das kapillare Eindringen in ein Bauteil oder das Austreten von Feuchtigkeit aus einem Bauteil verhindern. Einsatz als Sockelputz außen oder Feuchtigkeitssperre innen. • Sanierputz: Ein Sanierputz soll in einem Bauteil vorhandene Salze binden, den kapillaren Feuchtetransport vermindern und gleichzeitig vorhandene Feuchtigkeit zum Austrocknen an die Bauteiloberfläche gelangen lassen. Man spricht hier von Diffusionsaustrocknung.
13	Entspricht eine Kunststoffmodifizierte Bitumen-Dickschicht-Beschichtung zur Abdichtung erdberührter Bauteile bei den Beanspruchungsarten a) Bodenfeuchte b) nicht drückendes Wasser c) drückendes Wasser den Allgemein anerkannten Regeln der Technik? Bitte begründen Sie Ihre Auffassung.	a) Gemäß DIN 18195-2 sind Kunststoffmodifizierte Bitumen Dickschicht-Beschichtungen (KMB) seit August 2000 in der Norm mit aufgnommen und somit prinzipiell normgerecht. b) Gemäß DIN 18195-4 »Abdichtung gegen Bodenfeuchte und nicht stauendes Sickerwasser« sowie DIN 18195-5 »Abdichtung gegen nicht drückendes Wasser auf Deckenflächen und in Nassräumen« sind Abdichtungen mit KMB zulässig. Sie müssen mindestens zweilagig und in einer Trockenschichtdicke von 3 mm eingebaut werden. Nach DIN 18195-sind Abdichtungen gegen zeitweise aufstauendes Sickerwasser 2-lagig mit Verstärkungseinlage und einer Trockenschichtdicke von mindestens 4,0 mm zugelassen. c) Als »Abdichtungen gegen drückendes Wasser« sind KMB nicht zulässig.

Nr.	Frage	Antwort
14	Wie groß muss der Abstand zwischen UK Bodenplatte und höchst möglichem Grundwasserstand sein, damit die Abdichtung gemäß DIN 18195-4 erfolgen kann?	Die DIN 18195-4 Abdichtung gegen Bodenfeuchte und nicht stauendes Sickerwasser fordert einen Abstand von 30 cm zwischen UK Bodenplatte und höchst möglichem Grundwasserstand (Bemessungswasserstand).
15	Welchen Radius sollte eine Hohlkehle (Dichtungskehle) aufweisen?	Ca. 50 mm
16	Welchen Mindestabstand müssen Rohrdurchführungen in abgedichteten Außenwänden mindestens einhalten?	Nebeneinander liegende Rohrdurchführungen müssen zwischen den erforderlichen Flanschen einen Abstand von mindestens 150 mm einhalten.
17	Was ist der Unterschied zwischen Bitumen und Teer? Was ist bei Ihrer Verarbeitung zu beachten? Wie können Sie diese beiden Materialien auf der Baustelle identifizieren?	Bitumen wird aus Erdöl und Teer aus Kohle hergestellt. Die beiden Substanzen sind nicht miteinander verarbeitbar. Durch Auftragen von Testbenzin werden Bitumen und Teer angelöst. Nach ca. einer halben Stunde ist Bitumen wieder fest, Teer bleibt schmierig.
18	KMB-Abdichtungen sind mindestens zweilagig einzubauen. Wie dick muss die Trockenschichtdicke beim Lastfall Bodenfeuchtigkeit und nicht stauendes Sickerwasser mindestens sein? Welche Trockenzeit ist für jede Schicht mindestens einzuhalten?	Die Trockenschichtdicke muss mindestens 3 mm betragen. Die Trocknungszeit je Schicht beträgt je nach Temperatur zum Verarbeitungszeitraum 1 bis 3 Tage.
19	Wie hoch muss die Bauwerksabdichtung über Oberkante Gelände hochgeführt werden?	30 cm

Nr.	Frage	Antwort
20	Wie ist eine Abdichtung von erdberührten Bauteilen gemäß DIN 18195 (Stand August 2000) gegen nicht drückendes Wasser vorzunehmen?	Die DIN 18195 vom August 2000 unterscheidet bei erdberührten Wänden nur noch die Lastfälle Bodenfeuchte und nicht stauendes Sickerwasser (Teil 4) und von außen drückendes Wasser und aufstauendes Sickerwasser (Teil 6). Den Lastfall nicht drückendes Wasser von außen gibt es nicht mehr. Der Teil 5 der DIN 18195 regelt den Lastfall Abdichtung gegen nicht drückendes Wasser auf Deckenflächen und in Nassräumen.
21	In welcher Form ist die Kontrolle der Bauausführung bei Abdichtungen mit KMB vorzunehmen?	Folgende Maßnahmen sind erforderlich: • Schichtdickenkontrolle, 20 Messungen der Nassschichtdicke, bzw. mindestens 20 Messungen je 100 m² • Durchtrocknungsprüfung durch Referenzprobe auf Mauerstein • Dokumentation der Prüfergebnisse • vorstehende Prüfungen sind für jede Schicht vorzunehmen.
22	Bei welchem Bautenstand ist die Kellerabdichtung durchzuführen?	Die Kellerabdichtung ist erst auszuführen, wenn das Gebäude im Rohbau komplett errichtet ist, damit die Endlast (weitgehend) auf den Wänden ruht und die Anfangsschwindung abgeschlossen ist.
23	Können mineralische Dichtschlämmen auch zur Außenabdichtung von Kellerwänden angewandt werden, wenn ja in welcher Form?	Mineralische Dichtschlämmen können auch zur Außenabdichtung von Kellerwänden angewandt werden, sofern ihre Mindestschichtdicke bei Bodenfeuchte und nicht aufstauendem Sickerwasser mindestens 2 mm, und bei aufstauendem Sickerwasser und drückendem Wasser, mindestens 3 mm beträgt.

Nr.	Frage	Antwort
24	Ist es möglich ein Bauteil so abzudichten, dass es absolut trocken ist, d. h. eine Feuchte von 0 % aufweist?	Ein Bauteil kann nur unter Laborbedingungen auf 0 % Feuchtegehalt herunter getrocknet werden. Ansonsten stellt sich beim Abtrocknen eine Ausgleichsfeuchte in Relation zur rel. Feuchte der Umgebungsluft ein.
25	Ist das alleinige Vorhandensein von Wasser im Mauerwerk schadensträchtig?	Wasser im Mauerwerk ist zuerst einmal nicht schädlich. Zu Schäden kommt es erst, wenn das Wasser auf der Oberfläche verdunstet und Salze auskristallisieren.
26	Mineralische Baustoffe weisen Poren unterschiedlicher Größe auf. Wie werden sie nach ihrer Größe unterschieden und welchen Einfluss hat ihre Größe auf ihre Wasseraufnahmefähigkeit?	Mineralische Baustoffe weisen folgendes Porensystem auf: • Mikroporen, $r < 10^{-7}$ m, Porenfüllung durch flüssiges Wasser ist stark erschwert, Gasphase ist aber möglich • Kapillarporen, r zwischen 10^{-7} m und 10^{-4} m, freiwillige Porenfüllung durch Kapillarität ist gegeben • Luftporen, $r > 10^{-4}$ m, Porenfüllung mit Wasser ist nur unter Druck möglich.
27	Eine Kelleraußenwand soll nachträglich abgedichtet werden. Muss bei der Abdichtungsplanung und Ausführung die DIN 18195 eingehalten werden? Wenn ja, unter welchen Randbedingungen? Wenn nein, weshalb nicht?	Die DIN 18195 ist zunächst nur für den Neubau gültig. Sie muss beim Bauen im Bestand nur eingehalten werden, wenn in ihr beschriebene Stoffe und Verfahren angewendet werden. Dies ist in der Regel aber nur dem Sinne nach möglich.
28	Wann darf von der Art der Wassereinwirkung Bodenfeuchtigkeit und nicht stauendes Sickerwasser ausgegangen werden?	Bei stark durchlässigem Boden mit einem Durchlässigkeitsbeiwert von $k > 10^{-4}$ m/sec. oder dem Einbau einer Dränage nach DIN 4095.

Nr.	Frage	Antwort
29	Welche Kontrollen der Bauausführung gemäß DIN 18195-3:2000-8 mit KMB-Systeme sind immer zu dokumentieren?	Bei Abdichtungen nach Teil 5 und Teil 6, die Messung der Nassschichtdicke und die Prüfung der Referenzprobe.
30	Welche Anforderungen werden an Schutzschichten der Bauwerksabdichtungen nach Teil 10 der DIN 18195 gestellt?	Die Schutzschichten müssen: • formstabil sein • eng gestoßen werden • fest auf dem Fundamentvorsprung aufstehen.
31	Aus welchen Elementen/Bestandteilen besteht eine Dränung?	Drän-, Kontroll- und Spüleinrichtungen
32	Ist die DIN 18195 für die nachträgliche Abdichtung in der Bauwerkserhaltung immer anzuwenden?	Nur, wenn hierfür Verfahren angewendet werden können, die in der Norm beschrieben sind.
33	Welches Merkblatt, Richtlinie oder welche Norm beschreibt nicht die Bauwerksabdichtung im Bestand?	DIN 18195:2000-8
34	Ein Mauerwerk aus Ziegelsteinen soll mit einem Sanierputz-System verputzt werden. Die Bauzustandsanalyse ergab folgende Werte für den Salzgehalt: • Nitrat = <0,1 M.-% • Sulfat = 0,5 – 1,5 M.-% • Chlorid = <0,5 M.-% Wie ist der Versalzungsgrad einzustufen?	Nach WTA-Merkblatt 2-9-04 (Sanierputzsysteme) entspricht das einer mittleren Salzbelastung.
35	Wie ist ein Sanierputz-System bei »hoher« Salzbelastung auszuführen?	2-lagig mind. 2,5 cm dick, bestehend aus einem Porengrundputz (d ≥ 10 mm) und einem Sanierputz (d ≥ 15 mm)
36	Wie sind Sanierputzflächen nach WTA-Merkblatt 2-2-91 im Außenbereich zu beschichten? (Kennwerte der Anstriche)	$w \leq 0{,}2$ kg/m² $\sqrt{h}$ $s_d \leq 0{,}2$ m

Nr.	Frage	Antwort
37	Muss bei Baugruben in schwer wasserdurchlässigem Boden mit stehendem Wasser gerechnet werden?	Ja
38	Welche Maßnahmen müssen erforderlichenfalls durchgeführt werden, um frische Abdichtungen aus Dickbeschichtungen vor möglichen Witterungsschäden zu schützen?	• Vor Regen mit Folie • vor Frost mit Dämmmatte, Folie, Heizstrahler • vor starker Sonne mit Folie • vor Wasser in der Baugrube durch Abpumpen
39	In welchem Normenteil wird die Abdichtung von Nassräumen behandelt?	DIN 18195-5
40	Welche Vorarbeiten benötigt ein Betonuntergrund?	• Sinterschichten entfernen • trennende Substanzen entfernen • Kanten fasen
41	Ist ein mit trennenden Substanzen behafteter Untergrund für die Abdichtung mit Dickbeschichtung geeignet?	Nein
42	Wann dürfen applizierte Dickbeschichtungen angefüllt werden?	Nach dem Durchtrocknen
43	Welche Faktoren haben Einfluss auf die Abbindezeit von Dickbeschichtungen (mind. 4 Nennungen)?	Art der KMB, Wind, Luftfeuchte, Temperatur, Schichtdicke, Untergrundfeuchte
44	Sind Abdichtungen durch besondere Maßnahmen gegen auf die Abdichtungsrückseite einwirkendes Wasser zu schützen?	Ja, immer

Nr.	Frage	Antwort
45	Wann wird bei einer Abdichtung mit KMB die Verstärkungseinlage beim Lastfall aufstauendes Sickerwasser eingearbeitet?	Die Verstärkungseinlage wird nach dem Auftrag der ersten Abdichtungsschicht eingearbeitet.
46	Wie viel beträgt die max. Einbindetiefe von Bauwerken gegen aufstauendes Sickerwasser?	3,0 m
47	Wie weit muss der Spritzwasserschutz am Sockel nach Fertigstellung des Geländes mindestens über OK Gelände reichen?	15 cm
48	Wie hoch darf der Wasseraufnahmekoeffizient in Anlehnung an die DIN 18550 (w-Wert [$kg/m^2h^{0,5}$]) bei a) wassersaugenden Baustoffen b) wasserhemmenden Baustoffen c) wasserabweisenden Baustoffen sein?	a) $\geq 2,0\ kg/m^2h^{0,5}$ b) $\leq 2,0\ kg/m^2h^{0,5}$ c) $\leq 0,5\ kg/m^2h^{0,5}$
49	Nennen Sie unterschiedliche wasserlösliche, bauschädigende Salze und ordnen Sie die Salze nach ihrer hygroskopischen Aktivität.	• Nitrate (stark) • Chloride (mittel) • Sulfate (weniger stark)

Nr.	Frage	Antwort
50	Eine erdberührte Kelleraußenwand (Wanddicke ca. 70 cm) aus Vollziegeln besitzt einen kapillaren Durchfeuchtungsgrad von ca. 75 % bei einer kapillaren Sättigungsfeuchte von ca. 20 M.-%. Die Wand wird von außen vertikal abgedichtet und erhält zusätzlich eine Horizontalsperre. Im Keller soll eine hochwertige Lagerhaltung ermöglicht werden. Daraus ergeben sich folgende Fragen: a) Schätzen Sie die Zeitspanne ein, bis die Wand die Gleichgewichtsfeuchte (»trocken«) erreicht hat. b) Wie kann die Trocknung physikalisch beschleunigt werden? c) Welche zusätzlichen, bautechnischen Möglichkeiten gibt es?	a) Bei der in Kellern üblichen, hohen relativen Luftfeuchtigkeit ist mit einer mehrjährigen Trocknungszeit zu rechnen (ca. 4–5 Jahre). b) Eine Verkürzung der Trocknungszeit kann z. B. erreicht werden durch: • Erhöhung der Lufttemperaturen und Absenkung der relativen Luftfeuchtigkeit • gezielte Belüftung (mechanische Lüftungsanlage) • Beheizung des Mauerwerks (Mikrowellen, Heizstäbe, etc.). c) Bautechnisch besteht die Möglichkeit neben der Außenabdichtung zusätzlich eine vertikale Innenabdichtung zu verlegen (z. B. mit einer zementgebundenen, starren, mineralischen Dichtungsschlämme). Der darauf aufgebrachte mineralische Putz wird dann vom Mauerwerk nicht mit Wasser beaufschlagt.
51	Welche Verfahren für das nachträgliche Einbringen einer Horizontalsperre in Bestandsgebäude entsprechen dem Stand der Technik?	Man kennt die mechanischen Verfahren, wie z. B. die Mauersäge, den Maueraustausch, Unterfangungen, das Rammverfahren, etc., bei denen eine nachträgliche Maueröffnung stattfindet, in die eine kapillardichte Schicht eingebracht wird. Diese besteht z. B. aus einer Folie, einem Chromstahlblech oder einem Kunststofflaminat. Eine heute vielfach angewandte Verfahrenstechnik stellen die Injektionsverfahren dar, bei denen über Bohrlöcher eine abdichtende oder hydrophobierende Flüssigkeit eingepresst wird (Druck: ca. 3–5 bar), die sich im Kapillarporenraum gleichmäßig verteilen muss.

Nr.	Frage	Antwort
52	Die ursprünglich 1983 in Kraft getretene DIN 18195 Bauwerksabdichtung wurde im August 2000 novelliert und stellt das aktuell (2015) gültige Regelwerk dar. Diese Norm wird derzeit grundsätzlich neu konzipiert. Wie stellt sich die Neustrukturierung dar?	• DIN 18531 Abdichtungen von Dächern • DIN 18532 Abdichtungen von Verkehrsflächen • DIN 18533 Abdichtungen von erdberührten Bauteilen und Abdichtungen in und unter Wänden • DIN 18534 Abdichtungen von Innenräumen • DIN 18535 Abdichtungen von Behältern und Becken • DIN 18536 Abdichtungen von erdberührten Bauteile im Bestand (ruht vorläufig)
53	In welcher Form wird die neue DIN 18333 – Abdichtung von erdberührten Bauteilen und Abdichtung unter Wänden gegliedert sein?	*Teil 1* Beschreibt Anwendungsgebiete, Begriffe, Beanspruchungsklassen, Planungsgrundsätze, Anforderungen an die Abdichtung, Grundsätze der Detailgestaltung und enthält alle nicht abdichtungsstoffbezogenen Angaben. *Teil 2* Beschreibt alle Regeln für bahnenförmige Abdichtungsstoffe, wobei eine Untergliederung nach Stoffgruppen vorgenommen wird; z. B.: • Abdichtungen aus Bitumenbahnen • Abdichtungen aus Kunststoff- und Elastomerbahnen *Teil 3* Beschreibt alle Regeln für flüssige Abdichtungsstoffe. • Abdichtungen aus kunststoffmodifizierten Bitumendickbeschichtungen • Abdichtungen aus mineralischen Dichtungsschlämmen • Abdichtungen aus Reaktionsharzen

6   Mineralische Baustoffe

Nr.	Frage	Antwort
1	Wie groß ist die Längenänderung einer Stahlbetonplatte in mm pro m bei 1 °C Temperaturdifferenz?	$\Delta L = \alpha \cdot L \cdot \Delta T;$ $\alpha_{Beton} = 12 \cdot 10^{-6}/K$ $\alpha_{Stahl} = 13 \cdot 10^{-6}/K$ $\Delta L = {\sim}12{,}5 \cdot 10^{-6}/K \cdot 1\,m \cdot 1\,K$ $= 12{,}5\,\mu m = 0{,}0125\,mm$
2	Welche physikalischen Aufgaben hat ein Außenputz?	Er hat bei gegebener Beanspruchung eine Schutzfunktion in Bezug auf Wasseraufnahme, Trocknungstendenz und Wärmedämmung zu übernehmen.
3	Warum kann in einem Mauerwerk der Feuchtehorizont nach dem Aufbringen eines Sanierputzes noch ansteigen?	Durch einen Sanierputz soll eine trockene Wandoberfläche geschaffen werden. Die Durchfeuchtung eines Mauerwerks kann dadurch aber nicht unterbunden werden. Bei starkem Wasseranfall aus dem Untergrund (Mauerwerk) steigt der Feuchtehorizont weiter an, weil der Sanierputz nur eine Diffusionstrocknung ermöglicht, die weniger leistungsfähig ist als eine Trocknung durch Kapillarität und Verdunstung.
4	a) Was sind • NW-Zemente • HS-Zemente • NA-Zemente? b) Was haben sie für Eigenschaften, wofür werden sie vorzugsweise verwendet?	a) • NW-Zemente: Zemente mit niedriger Hydrationswärme • HS-Zemente: Zemente mit hohem Sulfatwiderstand • NA-Zemente: Zemente mit niedrigem Alkaligehalt. b) • NW-Zemente: wenn bei hohen Außentemperaturen betoniert wird • HS-Zemente: bei Bauteilen aus Beton, die besonders sulfathaltigem Wasser ausgesetzt sind • NA-Zemente: bei Bauteilen aus Beton mit alkaliempfindlichen Zuschlägen.

Nr.	Frage	Antwort
5	Welche Maßnahmen sind zur Verringerung des Schwindens, bei zementgebundenen Betonen und Mörteln, vorzusehen?	Zum Beispiel: • kleiner w/z-Wert (< 0,6) • Nachbehandlung
6	a) Wie beeinflusst der Wasserzementwert die Eigenschaften des Betons? (Nennen Sie mindestens drei Beispiele) b) Wo liegen die Grenzen für den w/z-Wert eines frostbeständigen Betons?	a) • Dichtigkeit (Wasserundurchlässigkeit) • Festigkeit (Korrosionsschutz der Bewehrung) • Schwinden (Risse) b) bei einem Wasserzementwert von höchstens 0,60
7	Welche Auswirkungen hat der w/z-Wert auf die Qualität von Frisch- und Festbeton? Was muss bei der Zusammensetzung von Beton WU beachtet werden?	• Frischbeton: Fließfähigkeit • Festbeton: Kapillarporosität, Wasseraufnahme, Frostempfindlichkeit, Carbonatisierungsgeschwindigkeit nehmen zu, wenn der w/z-Wert steigt • WU-Beton: der w/z-Wert muss < 0,6 sein
8	Wie sind Betonsanierungen vorzunehmen?	Z. B. nach der jeweils gültigen Richtlinie des DAfStb oder der ZTV-Ing (früher ZTV-SIB), ab 1.1.2009 nach DIN EN 1504.
9	In Ausschreibungen liest man häufig »zweilagiger Außenputz«. Was ist ein zweilagiger Putz?	Ein Außenputz, der aus 2 durchgängigen Putzlagen, also einem Unter- und einem Oberputz besteht.
10	Was versteht man im Sinne der VOB unter Vorbereitung des Putzuntergrundes?	Z. B. die Reinigung und das Aufbringen eines Spritzbewurfs als Haftbrücke
11	Wie kann man die Carbonatisierungstiefe im Beton auf einfache Art und Weise bestimmen?	Durch einen Indikator wie Phenolphthalein. Er verfärbt sich bei pH-Werten größer 9,5 violett und zeigt somit den bereits carbonatisierten Bereich an.
12	DIN 18550-1 Putz / Begriffe und Anforderungen nennt Maßnahmen zur Vorbereitung des Putzgrundes. Warum können solche Maßnahmen erforderlich sein? Nennen Sie beispielhaft solche Maßnahmen.	• Reinigung (Verbesserung der Haftung) • Festigung (Verbesserung der Haftung) • Spritzbewurf (Haftgrund für folgende Putzlagen) • Egalisierung (Vermeidung von Rissen)

Nr.	Frage	Antwort
13	In Baubeschreibungen und Ausschreibungen wird vielfach der Begriff eines Zweilagenputzes in Verbindung mit einem Außenwandputz genannt. Beschreiben Sie kurz die für die Herstellung erforderlichen Arbeitsgänge. Was ist bei der Festlegung der Mörtelqualität zu beachten?	Ein 2-lagiger Putz besteht aus einem Unterputz und einem Oberputz. Der Unterputz muss ausreichend verfestigt sein, damit der Oberputz aufgebracht werden kann (1 Tag pro mm). Der Oberputz darf nicht fester sein als der Unterputz. Außerdem sollten w-Wert, s_d-Wert und E-Modul zum Oberputz hin abnehmen.
14	Können alle Kalke untereinander mit Zement oder Gips gemischt werden? Begründen Sie Ihre Aussage.	Alle Kalke können untereinander gemischt werden. Dies gilt auch für Zement und Gips. Eine Einschränkung besteht nur darin, dass bei Anwesenheit von C_3A im Zement oder im NHL mit Gips eine Reaktion unter Ettringitbildung stattfinden kann.
15	Eine gipshaltige Wand wird mit einem Putz versehen, der Portlandzement enthält. Welche chemische Reaktion findet statt? Welche Voraussetzung muss dafür erfüllt sein?	Portlandzement enthält als Klinkerphase Calciumaluminat C_3A. dieses kann mit Gips (aber nur bei Gegenwart von H_2O) reagieren. Es entsteht Ettringit, ein Treibmineral mit enormer Sprengwirkung. (Δ Vol. ca. 800 %) $3\ CaO \cdot Al_2O_3 + 3\ CaSO_4 \cdot 2\ H_2O + 26\ H_2O$ $\rightarrow 3\ CaO \cdot Al_2O_3 \cdot 3\ CaSO_4 \cdot 32\ H_2O$
16	a) Welche Kalke gehören zu den Baustoffgruppen der Luftkalke und hydraulische Kalke? b) Welche Unterschiede bestehen im Hinblick auf die mörteltechnischen Eigenschaften. (Nennen Sie je mindestens 4 typische Eigenschaften oder Unterschiede zwischen den Gruppen).	a) • Luftkalk: Weißkalk CL, Dolomitkalk DL • hydraulischer Kalk: Puzzolankalk, Romankalk, Kalk-Zement-Mischungen. b) • Luftkalk: geschmeidiger Mörtel, höherer Wasseranspruch, erhärtet nur an der Luft durch Reaktion mit Kohlensäure, geringere Mörtelfestigkeit • hydraulischer Kalk: geringere Geschmeidigkeit des Mörtels, geringerer Wasseranspruch, erhärtet auch im Wasser, höhere Mörtelfestigkeit

Nr.	Frage	Antwort
17	Nennen Sie die wichtigsten mineralischen Bindemittel. In welchen Normen werden sie definiert und charakterisiert?	a) • Kalkhydrat • hydraulische Kalke • Zemente • latent hydraulische Bindemittel b) z. B. DIN 1060, DIN 1164, DIN EN 197, DIN 459
18	Was versteht man unter Kompositzementen? Aus welchen Bestandteilen bestehen sie? Nennen Sie einige Beispiele.	a) Kompositzemente sind Abmischungen von Portlandzement mit verschiedenen mineralischen Komponenten. Sie sind in der DIN 1164 in der Gruppe CEM II oder in DIN EN 197 (Normalzemente) erfasst. b) • Portlandzement und gebrannter Schiefer (T) • Portlandzement und Hüttensand (S) • Portlandzement und Kalksteinmehl (L) • Portlandzement und Flugasche (V) • Portlandzement und puzzolanische Stoffe (P)
19	Wie lange müssen mineralische Bindemittel nachbehandelt werden? a) Kalkhydrat b) Portlandzement c) Trasskalk	a) keine Nachbehandlung notwendig b) ca. 28 Tage c) einige Monate

Nr.	Frage	Antwort
20	Was versteht man unter der Nach-härtung des Kalkhydrats? Welche Konsequenzen ergeben sich daraus?	a) Kalkhydrat härtet durch CO_2-Aufnahme unter Bildung von Calciumcarbonat. Dieses muss immer mit dem CO_2 der Luft im Ausgleich stehen. Es kommt dabei zur Bildung des metastabilen Calciumhydrogencarbonats, das wieder in Calciumcarbonat zerfällt. Auf diese Weise wird das System stabilisiert. Härtung: $Ca(OH)_2 + CO_2 + H_2O \rightarrow CaCO_3 + 2\ H_2O$ Nachhärtung: $CaCO_3 + CO_2 + H_2O \leftrightarrow Ca\,(HCO_3)_2$ b) Kalkgebundene Mörtel und Putze dürfen nicht mit CO_2-dichten Beschichtungen behandelt werden, da sonst das Binde-mittel versandet.
21	Erklären Sie den Begriff latent hy-draulisches Bindemittel und den zugrunde liegenden Härtungsme-chanismus.	Übersetzt bedeutet »latent hydraulisch« im »verborgenen hydraulisch« darunter versteht man, dass ein derartiges Bin-demittel allein kein Bindemittel ist. Es braucht einen Anreger um zum Bindemit-tel zu werden. Als Anreger fungiert in der Regel Kalkhyd-rat, das mit der amorphen Kieselsäure des latent hydraulischen Bindemittels reagiert. Reaktion: SiO_2 (amorph) $+ Ca(OH)_2 + H_2O \rightarrow$ $CaO \cdot SiO_2 \cdot H_2O$ (CSH = Calciumsilikathydrat)
22	Was ist der Unterschied zwischen »Hydraulischem Kalk« (HL) und »natürlich-hydraulischem Kalk« (NHL)?	Hydraulische Kalke sind in aller Regel Abmischungen von Portlandzement mit Kalkhydrat. Natürlich-hydraulische Kalke werden aus Kalkmergel durch Brennen unterhalb der Sintertemperatur hergestellt (Brenntempe-ratur ca. 1200–1250 °C).

Nr.	Frage	Antwort
23	Nennen Sie die wichtigsten Vor- und Nachteile latent hydraulischer Bindemittel.	Vorteile: • langsame Erhärtung und damit Reduzierung des Spannungsaufbaus und der Rissbildungsneigung • bindet Kalk und reduziert so die Alkalität (Ausblühresistenz) • die Frost- und Salzbeständigkeit von Kalkmörtel wird erhöht Nachteile: • langsame Erhärtung, extrem lange Nachbehandlungszeit
24	Warum dürfen gipshaltige Produkte nicht bei feuchtebelasteten Mauerwerken und Bauteilen eingesetzt werden?	Gips ist relativ gut wasserlöslich (ca. 2,5 g pro Liter Wasser) und blüht aus. Mit Aluminaten (C_3A) kann es zu Treibmineralbildung (Ettringit) kommen (Gipstreiben).
25	Welche Eigenschaften werden bei Zementen durch folgende Abkürzungen beschrieben? • NW • HS • NA • R	• NW = niedrige Hydratationswärme • HS = hoch sulfatbeständig • NA = niedriger Alkaligehalt • R = erhöhte Anfangsfestigkeit
26	Nennen Sie die wichtigsten Klinkerphasen des Portlandzements (PZ).	• C_2S = Dicalciumsilikat • C_3S = Tricalciumsilikat • C_3A = Tricalciumaluminat • C_4AF = Tetracalciumaluminatferrit
27	Welche Klinkerphasen des PZ liefern bei der Hydratation $Ca(OH)_2$ und welche verbrauchen es?	Die silikatischen Phasen ($C_2S + C_3S$) liefern $Ca(OH)_2$, die aluminatischen Phasen ($C_3A + C_4AF$) verbrauchen $Ca(OH)_2$.
28	Beschreiben Sie die wichtigsten Eigenschaften und die Zusammensetzung von Schnellzementen.	Schnellzemente sind aluminatreich, z.B. Tonerdeschmelzzement. Sie bilden bei der Härtung kein $Ca(OH)_2$ und damit keine Alkalität. Sie können deshalb für die Stahlbetonherstellung nicht eingesetzt werden.

Nr.	Frage	Antwort
29	Wie wird die Nachhärtung von Beton bezeichnet?	Die Nachhärtung ist die Carbonatisierung.
30	Welche physikalisch-chemische Größe ändert sich bei Carbonatisierung? Welche Konsequenzen hat das?	Der pH-Wert, er wird von ca. 12,5 allmählich erniedrigt und erreicht so Werte von ca. 8–9. Damit wird der Korrosionsschutz der Bewehrung aufgehoben.
31	Nach welchem Zeitgesetz verläuft die Carbonatisierung des Betons?	$y = c \cdot \sqrt{t}$ y = Carbonatisierungstiefe [mm] c = Carbonatisierungskoeffizient $[mm \cdot a^{-0,5}]$ t = Zeit [a] =Alter des Betons
32	Eine Stahlbetonkonstruktion ist 10 Jahre alt und zeigt eine Carbonatisierungstiefe von 10 mm. Wann wird die Carbonatisierungsfront die Bewehrung erreicht haben, wenn die Betondeckung 15 mm bzw. 25 mm beträgt? Wie groß ist die Carbonatisierungsreserve?	a) $y = c \cdot \sqrt{t}$ y = 15 mm bzw. 25 mm t = 10 a $c = \dfrac{y}{\sqrt{t}} = \dfrac{10 \text{ mm}}{\sqrt{10 \text{ a}}} = \sqrt{10} \text{ mm } [a^{-0,5}]$ $c = 3,16 \text{ mm } [a^{-0,5}]$ b) Betondeckung y = 15 mm $\sqrt{t} = \dfrac{y}{c}$ $t = \dfrac{y^2}{c^2} = \dfrac{225}{10} = 22,5 \text{ a}$ Carbonatisierungsreserve = 22,5 a – 10 a = 12,5 a. c) Betondeckung y = 25 mm $\sqrt{t} = \dfrac{y}{c}$ $t = \dfrac{y^2}{c^2} = \dfrac{625}{10} = 62,5 \text{ a}$ Carbonatisierungsreserve = 62,5 a – 10 a = 52,5 a
33	Was bedeutet eine Verdopplung der Betondeckung für die Carbonatisierungszeit?	Sie vervierfacht sich.

Nr.	Frage	Antwort
34	Was versteht man unter einer Carbonatisierungsbremse?	Eine Beschichtung, die einen $s_{D,\,CO_2}$-Wert größer 50 m besitzt (gemäß Rili des DAfStb, z. B. OS2 und OS4).
35	Eine Beschichtung hat einen μ_{CO_2}-Wert von 10^4. Sie wird in einer Schichtdicke von 200 µm aufgebracht. Berechnen Sie den $s_{D,\,CO_2}$-Wert und entscheiden Sie, ob eine Carbonatisierungsbremse vorliegt oder nicht.	$s_{D,\,CO_2} = \mu CO_2 \cdot s$ [m] $\mu_{CO_2} = 10^4$ $s = 200 \cdot 10^{-6}$ m $s_{D,\,CO_2} = 10^4 \cdot 2 \cdot 10^2 \cdot 10^{-6}$ m = 2 m Die Beschichtung ist nach der Rili des DAfStb keine Carbonatisierungsbremse (Forderung $s_{D,\,CO_2} \geq 50$ m).
36	Nennen Sie 2 Beispiele für die Bedeutung des pH-Wertes in der Baustoffchemie.	a) die Beständigkeit der Bewehrung im Stahlbeton ist stark pH-Wert abhängig. • pH > 9,5 Passivierung, also beständig • pH < 9,5 der Stahl wird korrosionsbereit b) der Einfluss der sauren Umwelt führt zur Salzbildung bei alkalischen Baustoffen, z. B. Carbonatisierung: $Ca(OH)_2 + H_2O + CO_2 \rightarrow CaCO_3 + H_2O$ pH-Werte: ~13 ~5 ~8 ~7
37	Welche Voraussetzungen ermöglichen die Korrosion des Bewehrungsstahls im Stahlbeton?	Korrosionsablauf: $2\ Fe + H_2O + 1,5\ O_2 \rightarrow Fe_2O_3 + H_2O.$ Es müssen also Wasser und Sauerstoff zugegen sein und der pH-Wert muss < 9,5 sein.
38	Welchen Einfluss hat die kapillare Wasseraufnahme auf den Carbonatisierungswiderstand von Bauteilen?	Mit zunehmender kapillarer Wasseraufnahme (Kapillarporosität) nimmt der Carbonatisierungswiderstand ab, deshalb ist es sinnvoll, den w/z-Wert zu begrenzen.

Nr.	Frage	Antwort
39	Welche Korrosionsschutzprinzipien für Stahlbeton benennt die Richtlinie des DAfStb?	• Korrosionsschutzprinzip R (Realkalisierung) • Korrosionsschutzprinzip C (Chemischer Korrosionsschutz) • Korrosionsschutzprinzip W (Wasserschutz) • Korrosionsschutzprinzip K (kathodischer Korrosionsschutz)
40	Die DIN 1045 beschreibt so genannte Expositionsklassen aufgrund der Nutzung des Betonbauteils. Diese sind bei der Planung zu berücksichtigen. Nennen Sie die wichtigsten Expositionsklassen.	• XO keine Anforderung • XC Einfluss der Carbonatisierung • XD Einfluss von Auftausalzen (Chloriden) • XS Einfluss von Seewasser • XA Einfluss von chemischer Beanspruchung • XM Einfluss von mechanischer Beanspruchung • XF Einfluss von Frost mit und ohne Taumittel

Nr.	Frage	Antwort
41	Beschreiben Sie die Wirkung der einzelnen Korrosionsschutzprinzipien nach der Richtlinie des DAfStb.	a) Prinzip R: bedeutet teilweise oder flächige Realkalisierung des Betons und Erneuerung der Passivierung der Bewehrung b) Prinzip C: Es wird eine Schutzschicht auf der Bewehrung aufgebaut, die die Korrosion verhindert (z. B. Epoxidharz oder mineralische Schlämme) c) Prinzip W: Bestmögliche Reduktion der Wasseraufnahme bzw. des Wassergehalts im Beton (z. B. Hydrophobierung nach OS1 bzw. Hydrophobierung nach OS1 in Kombination mit einer Beschichtung nach OS2) d) Prinzip K: Anbringen einer Anode auf der Betonoberfläche in einer so genannten Opferschicht. Die Bewehrung dient als Kathode. Durch Anlage einer Spannung wird ein elektrisches Feld aufgebaut, das während der gesamten Nutzungsdauer bestehen muss. Das Verfahren muss überwacht werden und ist nur für Ingenieurbauwerke geeignet, z. B. Brücken.
42	Welchen Einfluss haben Chlorid-Ionen auf die Beständigkeit der Bewehrung im Stahlbeton? Welche Rolle spielt dabei die Carbonatisierung?	Bei bewehrtem Beton kann eine Korrosion der Bewehrung durch Cl-Ionen erfolgen. Der zulässige Grenzwert liegt bei 0,4 M.-% bezogen auf das Zementgewicht bei schlaff bewehrtem Beton. Bei Spannbeton wird der Grenzwert auf 0,2 M.-% reduziert. Der Carbonatisierungsgrad ist dabei unbedeutend.
43	Was versteht man unter wasserhemmenden Außenputzen nach DIN V 18550?	Anforderungen: • $w \leq 2,0 \ kg/m^2h^{0,5}$ • $s_d \leq 2,0 \ m$ Nach DIN V 18550 gelten diese Forderungen von Putzen der MG II als erfüllt.

Nr.	Frage	Antwort
44	Was versteht man unter wasser-abweisenden Außenputzen nach DIN V 18550?	Anforderungen: • $w \leq 0,5$ kg/m^{2}h^{0,5} • $s_d \leq 2,0$ m • $w \cdot s_d \leq 0,2$ kg/mh^{0,5} Sie müssen per Prüfzeugnis nachgewiesen werden.
45	Definieren Sie die Beanspruchungs-klassen, in Bezug auf Schlagregen, nach DIN 4108-3.	Es gibt 3 Beanspruchungsgruppen: • I: niedrige Schlagregenbeanspruchung Jahresniederschlag < 600 mm • II: mittlere Schlagregenbeanspruchung Jahresniederschlag 600 – 800 mm • III: hohe Schlagregenbeanspruchung Jahresniederschlag > 800 mm

| 46 | Bei Putzfassaden werden für die Schlagregenbeanspruchungsklas-sen nach DIN 4108 besondere Putzqualitäten gefordert. Welche Zuordnungen werden dabei vorge-schrieben? |

Gruppe	Niederschlags-menge	Putzqualität
I	<600 mm	keine Anforde-rung
II	600 – 800 mm	wasser-hemmender Außenputz
III	>800 mm	wasserab-weisender Außenputz

| 47 | Eine Putzfassade besteht aus einem 2-lagigen Außenputz (Unterputz + Oberputz) und einer Beschich-tung (Anstrich). Wie müssen die Druckfestigkeit β_d, der E-Modul, der w-Wert und der s_d-Wert, von innen nach außen betrachtet, verlaufen? | β_d, E-Modul, w-Wert und s_d-Wert müssen vom Unterputz über den Oberputz zum Anstrich abnehmen. |
| 48 | Welche Normen und Richtlinien be-schreiben Putze und Putzsysteme? | • DIN EN 998-1 Putzmörtel
• DIN V 18550
• DIN 18558 Kunstharzputze
• WTA Merkblatt 2-9-04 Sanierputzsysteme |

Nr.	Frage	Antwort
49	Welche Untergründe eignen sich für den Einsatz von Kunstharzputzen und welche nicht?	Die Untergründe müssen tragfähig und ausreichend fest sein. Der Kalkgehalt muss gering sein. Geeignete Untergründe: Putze mit Zement als Bindemittel, Beton, WDVS-Fassaden Ungeeignete Untergründe: Kalkputze und kalkreiche Putze
50	Putze werden nach DIN 18550 in Mörtelgruppen eingeteilt. Benennen Sie die einzelnen Mörtelgruppen und ordnen Sie die Bindemittel zu.	• MG P I a – Kalkhydrat • MG P I b – Kalkhydrat u. wenig hydraulische Bindemittel • MG P I c – hydraulische Kalke • MG P II a – hydraulische Kalke • MG P II b – Kalk und Zement • MG P III – Zement • MG P III a – Traßzement
51	Welche Vorteile besitzen Leichtputze?	• Geringere Festmörtelrohdichte • niedriger E-Modul, dadurch Erhöhung der Risssicherheit • Erhöhung der Porosität, dadurch höhere Frost und Salzbeständigkeit
52	Welche fundamentalen Unterschiede bestehen zwischen Sanierputzen nach WTA und so genannten Schimmelsanierputzen?	WTA-Sanierputze sind porenhydrophob und werden bei Feuchte- und Salz belastetem Mauerwerk eingesetzt (WTA-Merkblatt 2-9-04). Schimmelsanierputze sind dagegen hydrophil und besitzen eine bessere Wärmedämmung. Sie werden zur Schimmelbekämpfung eingesetzt (Erhöhung der Oberflächentemperatur).
53	Nennen Sie die wichtigsten Bedingungen für das Algenwachstum.	• Feuchtigkeit • Nährboden (Staub) • Nährstoffe aus dem Nährboden • Licht • CO_2 • pH-Wert um 7

Nr.	Frage	Antwort
54	Welche bauphysikalischen Möglich- keiten zur Schimmelbekämpfung gibt es grundsätzlich?	• Absenken der Luftfeuchte im Raum, so dass sich auf der Wandoberfläche ein A_w-Wert $< 0,7$ einstellt. • Erhöhen der Raumlufttemperatur, so dass sich auf der Wandoberfläche ein A_w-Wert $< 0,7$ einstellt. • Erhöhen der Oberflächentemperatur auf der Innenseite von Außenwänden durch Beheizung (Sockelleistenheizung, Flächenheizung) oder durch Dämm- maßnahmen außen oder innen.
55	Warum wachsen Mikroorganismen wie Algen und Pilze auf hoch gedämmten Fassaden (WDVS) besonders gut?	Die Bauphysik der Oberfläche ist für die besonders guten Wachstumsbedingungen verantwortlich. Am Tag steigt die Ober- flächentemperatur, und die rel. Luft- feuchte nimmt ab. In der Nacht fällt die Oberflächentemperatur stark ab, damit steigt die rel. Luftfeuchte und es kommt zur Tauwasserabscheidung, die das Wachs- tum der Mikroorganismen stark begünstigt.
56	Wie kann eine veraltgte Fassade instand gesetzt werden?	• Behandlung mit einem algiziden Imprä- gniermittel • Reinigung mit Wasser ($\sim 60\,°C$, ~ 5 bar) und Entsorgung des Reinigungswassers • Nochmalige Behandlung mit dem algizi- den Imprägniermittel (Depotwirkung) • Beschichtung mit einer algiziden Fas- sadenfarbe mit kleinem w-Wert und s_d- Wert (z. B. Silikonharzfarbe mit s_d- und w-Wert $< 0,1$).

Nr.	Frage	Antwort
57	Welche Möglichkeiten bestehen derzeit, das Algenwachstum vorbeugend zu bekämpfen?	• Erhöhung der Wärmekapazität der Oberfläche, z. B. durch Verwendung von dickschichtigen mineralischen Putzen (s ca. 12–15 mm) • Verwendung hoch alkalischer Putze (pH-Wert > 12) • Einbringen von latenten Wärmespeichern in die Putzschicht • Einsatz von bioziden Additiven in den Beschichtungen.

<table>
<tr><td>58</td><td>Beschreiben Sie die unterschiedliche Wirkungsweise von Kalkputzen, Zementputzen und WTA-Sanierputzen.</td><td colspan="2">

Mauerwerk	Putz
Wasser + Salz	Kalkputz
	»Schäden an der Oberfläche«
⟶	
	Zementputz Wasser + Salz steigt hinter dem Putz hoch
↑	
⟶	Sanierputz Salz wird eingelagert
⟶	

</td></tr>
</table>

| 59 | Welche Forderungen gelten für Beschichtungssysteme auf WTA-Sanierputzen? | Außenbereich:
Anstriche:
$s_d \leq 0{,}2$ m $w \leq 0{,}2$ kg/m²h^{0,5}
Oberputze müssen Wasser abweisend sein, d. h.
$s_d \leq 2{,}0$ m
$w \leq 0{,}5$ kg/m h^{0,5}
$w \cdot s_d \leq 0{,}2$ kg/m h^{0,5}
Innenbereich:
$s_d \leq 2{,}0$ m w-Wert keine Anforderung |

Nr.	Frage	Antwort
60	Wie kann ein Sachverständiger mit einfachen Mitteln feststellen, ob es sich um einen WTA-Sanierputz handelt oder nicht?	Es wird eine Probe (ca. 10 × 20 cm) entnommen. Die Seitenflächen werden z. B. mit Wachs abgedichtet. Die Probe wird auf Wasser gelagert. Nach 24 Stunden darf die Wassereindringung maximal 5 mm bei einer 20 mm dicken Probe betragen.

61	Nennen Sie 5 Anforderungen an Sanierputze (Festmörtel) nach WTA-Merkblatt 2-9-04.	• Diffusionswiderstandszahl $\mu \leq 12$
		• Druckfestigkeit $\beta_d \leq 5$ N/mm^2
		• Rohdichte $\rho \leq 1400$ kg/m^3
		• Porenvolumen $> 40\%$
		  (davon 25 % Luftporen)
		• Wassereindringzahl (24 h) ≤ 5 mm
		  (Probendicke 20 mm).

62	Eine Fassade besteht im unteren Bereich aus Sanierputz und im oberen Bereich aus einem Kalkzementputz mit ausgeprägter kapillarer Saugfähigkeit. Die Putzdicke beträgt 20 mm. Machen Sie einen Vorschlag für eine bauphysikalisch funktionierende Beschichtung.	Berechnung bzw. Abschätzung der w- und s_d-Werte der Putzfassade: Sanierputz: w-Wert ca. 0,3–0,5 kg/m^{2}h^{0,5} (geschätzt) Fassadenputz: w-Wert $> 0,5$ kg/m^{2}h^{0,5} Sanierputz s_d-Wert: $\mu = 12$, s = 20 mm $s_d = \mu \cdot s = 12 \cdot 0,02 = 0,24$ m Anstrich muss folgende Forderung erfüllen $w < 0,3$ kg/m^{2}h^{0,5} $s_d < 0,24$ m

Nr.	Frage	Antwort
63	Ein Kirchturm in Oberbayern aus Ziegelmauerwerk mit einer Höhe von 30 m soll verputzt und beschichtet werden. Machen Sie einen Vorschlag auf Basis der gültigen Normen.	Schlagregenbeanspruchung nach DIN 4108 und aufgrund der Höhe Gruppe III. Das bedeutet, wasserabweisender Außenputz, also müssen folgende Forderungen erfüllt sein: • $s_d \leq 0,2$ m • $w \leq 0,5$ kg/m²h^{0,5} • $w \cdot s_d \leq 0,2$ kg/m h^{0,5} Für den Anstrich als Beschichtung bedeutet dies: • $w \leq 0,1-0,2$ kg/m²h^{0,5} • $s_d \leq 0,2$ m Systemvorschlag: • Silikonharzfarbe oder • Dispersionssilikatfarbe mit Wasser abweisenden Zusätzen.
64	Nennen Sie 3 Beispiele, bei denen ein WTA-Sanierputz mit seiner Wirkung überfordert ist.	• Permanent hohe Luftfeuchtigkeit (größer 85 %) • bei Anbringung im erdberührten Bereich • bei hohem Durchfeuchtungsgrad (größer 60 %) des Mauerwerks und Anbringung ohne zusätzliche Abdichtungsmaßnahmen
65	Was versteht man unter dem Porenvolumen und unter dem scheinbaren Porenvolumen von Baustoffen?	Das Porenvolumen (PV) ist definiert als das Volumen aller Poren. Das scheinbare Porenvolumen (s-PV) stellt das Volumen aller kapillar zugängigen Poren dar. Das PV ist immer größer als das s-PV.
66	Wie kann man das PV und das s-PV bestimmen?	Das PV kann nur durch Porenfüllung unter Druck (z. B. Quecksilberporosimetrie) bestimmt werden. Das s-PV kann durch freiwillige Porenfüllung ermittelt werden, z. B. durch kapillares Saugen.

Nr.	Frage	Antwort
67	Wie werden die Poren nach ihrer Geometrie (Gestalt) und nach ihrer Größe eingeteilt?	Einteilung nach der Gestalt: • Sackporen • Flaschenhalsporen • Verzweigungsporen • durchgehende Poren • geschlossene Poren. Einteilung nach der Größe: • Mikroporen: $r < 10^{-7}$ m • Kapillarporen: $r > 10^{-7}$ m bis $r < 10^{-4}$ m • Makroporen: $r > 10^{-4}$ m.
68	Welche Arten der Wasseraufnahme werden bei mineralischen Baustoffen unterschieden?	Flüssige Wasseraufnahme: • kapillare Wasseraufnahme (freiwillig) • Sickerwasser (unter Druck) Gasförmige Wasseraufnahme: • Kondensation • Kapillarkondensation • hygroskopische Wasseraufnahme.
69	Was ist die treibende Kraft für die gasförmige Wasseraufnahme?	Die relative Luftfeuchtigkeit. Kondensation, Kapillarkondensation und hygroskopische Wasseraufnahme hängen direkt von der relativen Luftfeuchte ab.
70	Warum ist die rel. Luftfeuchte temperaturabhängig?	Weil die Sättigungsfeuchte der Luft temperaturabhängig ist.
71	Welche rel. Luftfeuchte herrscht auf der Taupunktlinie?	100 % rel. Luftfeuchte
72	Was versteht man unter den Begriffen hydrophil und hydrophob?	Hydrophil bedeutet »wasserliebend«, d. h. die Oberfläche eines Baustoffs ist benetzbar und die Kapillaren sind saugfähig. Der Benetzungswinkel Θ ist $< 90°$. Hydrophob bedeutet »wasserabstoßend«, d. h. die Oberfläche eines Baustoffs ist nicht benetzbar und die Kapillaren sind in ihrer Saugfähigkeit behindert. Der Benetzungswinkel Θ ist $> 90°$.

Nr.	Frage	Antwort
73	Die kapillare Wasseraufnahme ist der bekannteste Wasseraufnahmemechanismus. Welchen Einfluss hat die Porengröße für die kapillare Leistungsfähigkeit?	Es gilt folgende Abhängigkeit: H = kapillare Steighöhe $$H = \frac{2\sigma \cdot \cos\Theta}{r \cdot \rho \cdot g}$$ oder vereinfacht $H = K \cdot 1/r$ Kapillare Sauggeschwindigkeit $V = K' \cdot r$ Das bedeutet: Grenzfall I: $r \to 0$ — Grenzfall II: $r \to \infty$ $r \to 0$ — $r \to \infty$ $H \to \infty$ — $H \to 0$ $V \to 0$ — $V \to \infty$ Mikroporen — Makroporen
74	Wie ist der Begriff »Imprägnieren« definiert? Was sind Imprägniermittel?	Imprägnieren bedeutet soviel wie tränken, durchtränken. Imprägniermittel sind Tränkungsmittel, die Baustoffen Eigenschaften verleihen, die diese nicht haben bzw. durch die Nutzung verloren haben.
75	Benennen Sie die wichtigsten Arten von Imprägniermitteln.	Imprägniermittel: • hydrophobieren • oleophobieren • festigen und verdichten • verleihen biozide Eigenschaften.
76	Wodurch unterscheiden sich bauschädliche Salze?	Bauschädliche Salze sind immer wasserlösliche Salze. Je löslicher umso gefährlicher sind die Salze (z. B. durch Hygroskopizität).
77	Ordnen Sie die folgenden Salzarten nach ihrer Schädlichkeit: Nitrate, Sulfate, Chloride.	Die schädigende Wirkung nimmt zu in folgender Reihenfolge: Sulfate, Chloride, Nitrate.

Nr.	Frage	Antwort
78	Beschreiben Sie in Form einiger Beispiele die Schadenswirkung bauschädlicher Salze.	Bauschädliche Salze führen zu mechanischer Korrosion durch • Salzkristallisation (Kristallisationsdruck) • Hydratbildung (Hydratationsdruck) • Bewehrungskorrosion im chloridbelasteten Stahlbeton • Frost-Tausalz-Schäden. Bauschädliche Salze erhöhen in Abhängigkeit von der rel. Luftfeuchtigkeit die Gleichgewichtsfeuchte von Baustoffen.
79	Wovon hängen der Kristallisations- und Hydratationsdruck von bauschädlichen Salzen ab und welche Werte werden dabei erreicht?	Sie hängen von der Konzentration der Salze ab und erreichen durchaus Werte in einer Größenordnung von 50 – 100 N/mm².
80	Wie gelangen bauschädliche Salze in Baustoffe oder wie entstehen sie? Nennen Sie einige Beispiele.	Bauschädliche Salze werden durch folgende Mechanismen aufgenommen, bzw. gebildet: • Aufnahme mit Bodenfeuchte im erdberührten Bereich • Spritzwasser • chemische Reaktion von Säuren mit alkalischen Baustoffen (saure Reinigung) • Anwendung alkalischer Baustoffe (Injektionsmittel, Beschichtungsstoffe, alkalische Reiniger) • Reaktion von Ammoniak (NH_3) mit Kalkhydrat (z. B. im Bereich landwirtschaftlicher Nutzung) • saure Umwelteinflüsse auf die Baustoffe.
81	Wie entstehen Salze chemisch?	Durch Neutralisation von alkalischen Substanzen mit Säuren Beispiel: $Ca(OH)_2 + H_2O + CO_2 \rightarrow CaCO_3 + H_2O$ Kalkhydrat + Kohlensäure $\rightarrow$ Calciumcarbonat + Wasser

Nr.	Frage	Antwort
82	a) Was versteht man unter dem pH-Wert? b) Warum hat Wasser den pH-Wert 7? c) Welche pH-Werte haben Säuren und Alkalien?	a) Der pH-Wert ist definiert als der negative dekadische Logarithmus der Konzentration der Wasserstoffionen in einem flüssigen Medium. pH = −log cH+ b) die Konzentration der H+-Ionen in reinem Wasser ist 10^{-7}. pH = −log 10^{-7} pH = 7 c) Säuren: pH < 7 Alkalien: pH > 7
83	Wie wird der Versalzungsgrad nach den WTA-Merkblättern (z. B. 2-9-04 Sanierputzsysteme) definiert und eingeteilt?	Bewertung des Versalzungsgrads nach WTA (Angabe der Versalzungswerte in M.-%)

geringe Salzbelastung nach WTA	Chloride	<0,2
	Nitrate	<0,1
	Sulfate	<0,5
mittlere Salzbelastung nach WTA	Chloride	0,2 bis 0,5
	Nitrate	0,1 bis 0,3
	Sulfate	0,5 bis 1,5
hohe Salzbelastung nach WTA	Chloride	>0,5
	Nitrate	>0,3
	Sulfate	>1,5

Nr.	Frage	Antwort
84	Was sind die wichtigsten Änderungen des WTA-Merkblatts 2-9-04 »Sanierputzsysteme« gegenüber dem Merkblatt 2-2-91?	Zusammenstellung der wichtigsten Änderungen im WTA-Sanierputz-Merkblatt:

Zusammenstellung der wichtigsten Änderungen im WTA-Sanierputz-Merkblatt:

WTA-Merkblatt 2-2-91	WTA-Merkblatt 2-9-04
Ergänzungsblatt 2-6-99/D	Entfällt, da Inhalt eingearbeitet
Maschinenverarbeitung kurzer Hinweis im EGM 2-6-99/D	Prüfung der Sanierputzeigenschaften bei Maschinenverarbeitung
Hinweis auf Grenzen der Anwendung nur im EGM 2-6-99/D	Anwendungsgrenzen werden definiert z. B. – bei Druck- und Stauwasser – nicht unterhalb GOK also nicht erdberührend, einsetzbar – bei hohem Durchfeuchtungsgrad (DFG) – bei Tauwasser im Putzquerschnitt – bei permanent hoher relativer Luftfeuchtigkeit.
Ausgleichsputze nicht enthalten und nicht definiert	Ausgleichsputze werden eingeführt und definiert, z. B. über die Festmörtel-Porosität > 35 %
Keine Beurteilungskriterien für Sanierputzsysteme nach der Applikation enthalten	Beurteilungskriterien für Sanierputze und Sanierputzsysteme nach der Applikation am Bauwerk werden für die Qualitätskontrolle und den Schadensfall definiert, z. B. – Schichtdicke – Wassereindringzahl – Porosität
Putznorm DIN 18550 nicht berücksichtigt	EN 998-1 (Putzmörtel) ist berücksichtigt

Nr.	Frage	Antwort

DIN 18550 enthielt nur einen allgemeinen Hinweis auf Sanierputze und zwar im Teil 2, Seite 9.	– Die EN 998-1 enthält Hinweise auf Sanierputzmörtel und einige Anforderungswerte. – Der Systemgedanke fehlt jedoch in der EN 998-1 völlig. – Das WTA-Merkblatt 2-9-04 enthält deutlich weitergehende Anforderungen als die EN 998-1, z. B. an Festmörtelporosität, Salzresistenz, Verhältnis β_{bz}/β_d, Frischmörteleigenschaften
Allgemeine Prüfverfahren	EN 1015 (neue Prüfnorm) ist berücksichtigt.

Nr.	Frage	Antwort
85	Welche Instandsetzungsprinzipien sind in der DIN EN 1504 enthalten und wie werden sie eingeteilt?	Die Instandsetzungsprinzipien 1–6 befassen sich mit dem Betonschutz, die Prinzipien 7–11 mit dem Schutz der Bewehrung.

Betonschutz

Prinzip 1 (IP)	Schutz gegen das Eindringen von Stoffen
Prinzip 2 (MC)	Regulierung des Wasserhaushaltes des Betons
Prinzip 3 (CR)	Betonersatz
Prinzip 4 (SS)	Verstärkung
Prinzip 5 (PR)	Physikalische Widerstandsfähigkeit
Prinzip 6 (RC)	Widerstandsfähigkeit gegen Chemikalien

Schutz der Bewehrung

Prinzip 7 (RP)	Erhalt oder Wiederherstellung der Passivität
Prinzip 8 (IR)	Erhöhung des elektrischen Widerstands
Prinzip 9 (CC)	Kontrolle kathodischer Bereiche
Prinzip 10 (CP)	Kathodischer Schutz
Prinzip 11 (CA)	Kontrolle anodischer Bereiche

Nr.	Frage	Antwort
86	Die Putznorm DIN EN 998-1 teilt die Putze nach der Festigkeit in 4 Gruppen ein. Benennen Sie diese Gruppen.	

Druckfestigkeit nach 28 Tagen	CS I	0,4 bis 2,5 N/mm²
	CS II	1,5 bis 5,0 N/mm²
	CS III	3,5 bis 7,5 N/mm²
	CS IV	≥ 6 N/mm²

Nr.	Frage	Antwort

| 87 | Wie werden die Putze in Bezug auf die kapillare Wasseraufnahme nach DIN EN 998-1 klassifiziert? | |

Kapillare Wasserauf-nahme	W 0	nicht festgelegt
	W 1	$c \leq 0,40 \ kg/m^2 \cdot min^{0,5}$
	W 2	$c \leq 0,20 \ kg/m^2 \cdot min^{0,5}$

| 88 | Wie definiert die DIN EN 998-1 die verschiedenen Putzmörtel? | Definitionen der verschiedenen Putzmörtel: |

- **GP = Normalputzmörtel:** Mörtel ohne besondere Eigenschaften. Er kann als Mörtel nach Rezept und/oder als Mörtel nach Eignungsprüfung hergestellt werden.
- **LW = Leichtputzmörtel:** Mörtel nach Eignungsprüfung mit einer Trockenrohdichte unterhalb eines bestimmten Wertes.
- **CR = Edelputzmörtel:** farbiger Putzmörtel
- **OC = Einlagenputzmörtel** für außen: Mörtel nach Eignungsprüfung, der in einer Lage verarbeitet wird und dieselben Funktionen erfüllt, die von einem mehrlagigen Außen-Putzsystem gefordert werden und der üblicherweise farbig ist.
- **R = Sanierputzmörtel:** Mörtel nach Eignungsprüfung, der für das Verputzen von feuchten Mauerwerken, die wasserlösliche Salze enthalten, geeignet ist. Diese Mörtel weisen eine hohe Porosität und Wasserdampfdiffusion sowie eine verminderte kapillare Leitfähigkeit auf.
- **T = Wärmedämmputzmörtel:** Mörtel nach Eignungsprüfung mit spezifischen wärmedämmenden Eigenschaften.

| 89 | Woraus wird Kalk gewonnen? | Durch Brennen des Kalksteins ($CaCO_3$) bei ca. 800–1 200 °C entweicht CO_2 und zurück bleibt der Branntkalk CaO. |

Nr.	Frage	Antwort
90	Früher wurde auf den Baustellen in großen Wannen (Brannt-)Kalk eingesumpft. Welchen Zweck hatte das und was befand sich nachher in den Wannen?	Für die weitere Verarbeitung, etwa zu Kalk- oder Kalkzementputzen benötigte man gelöschten Kalk. Der Branntkalk wurde daher mit Wasser gelöscht. In den Wannen befand sich nach dem Löschvorgang Kalkhydrat (Kalkteig, $Ca(OH)_2$). Das Einsumpfen diente auch zur Reinigung des Kalkes von Asche und Brandrückständen.
91	Wie erhärtet Kalkmörtel (~putz)? (Chemische Bezeichnungen freiwillig)	Damit Kalkhydrat (Calciumhydroxid $Ca(OH)_2$) erhärtet, muss Kohlendioxid (bzw. Kohlensäure) zugeführt werden. Durch Zufuhr von Kohlensäure H_2CO_3 verbindet sich CO_2 mit dem Kalkhydrat zu Kalkstein $CaCO_3$ und es wird Wasser abgespalten. Da in der Atmosphäre nur relativ wenig Kohlendioxid vorhanden ist, dauert der Vorgang Jahre.
92	Wie kann man den Vorgang beschleunigen?	In Innenräumen durch Aufstellen von Propangasbrennern oder Kohleöfen, die CO_2 freisetzen.
93	Was ist zu beachten, wenn die Elektriker die Kabel in den Anschlussdosen mit Gipsbatzen fixiert haben?	Es darf keinesfalls ein Zementputz oder eine zementhaltige Dichtschlämme (etwa in Nassbereichen) aufgebracht werden. Gips und Zement reagieren miteinander unter Bildung von Ettringit. Dies geht mit einer Volumenvergrößerung des Zementes (8–10fach) einher.
94	Wie wird Gips gewonnen (außer in Rauchgasentschweflungsanlagen)?	Gips wird durch Brennen des Gipssteins bei ca. 180 °C gewonnen. Durch das Brennen wird das eingelagerte Kristallwasser ausgetrieben $(CaSO_4 \cdot 2H_2O \rightarrow CaSO_4 + H_2O)$.
95	Warum nimmt Gips an Volumen zu, wenn er mit Wasser angemacht wird?	Das durch Brennen ausgetriebene Kristallwasser wird teilweise wieder eingelagert.

7 Wärmeschutz

Nr.	Frage	Antwort
1	Welche Zielsetzung hat DIN 4108 und welche die EnEV?	Die DIN 4108 gibt Hinweise zur Berechnung der Wärmedämmwerte und des Feuchtschutzes, beinhaltet Angaben über Materialkennwerte und Vorschläge über Ausführungsdetails und zur Bauausführung. Das gilt zum Beispiel für Wärmebrücken etc. Die DIN 4108 ist als eingeführte technische Baubestimmung zwingend einzuhalten. Die EnEV regelt die Forderungen des erforderlichen Wärmeschutzes für unterschiedliche Bauwerke im Neubau und bei Umbauten und Sanierungen. Sie gibt Form und Inhalt der jeweils erforderlichen Berechnungen und Nachweise vor.
2	Definieren Sie, mit Beispielen, die Begriffe a) Dichtung b) Dämmung c) Isolierung.	a) Dichtungen sollen das Ein- bzw. Durchdringen von Feuchtigkeit in Bauteile verhindern. Beispiel: Abdichtung von erdberührten Bauteilen, Dachabdichtungen etc. b) Dämmungen sollen das Durchdringen von Schall- oder Wärmeenergie verringern. c) Isolierungen werden im Bereich der Elektrotechnik vorgenommen. So isoliert die Kunststoffummantelung des Kupferdrahtes das Kabel.
3	Wie nennt man die Temperatur, bei der die in der Luft gelöste Wassermenge ausfällt?	Taupunkttemperatur
4	Welche Bedingungen sind für das Ausscheiden von Wasser aus der Luft maßgebend?	Die Luft kann je nach Temperatur unterschiedlich viel Wasser in Dampfform aufnehmen. Bei 20 °C sind das ca. 17,29 g/m^3 und bei 0 °C ca. 4,84 g/m^3. In diesen Fällen beträgt die rel. Luftfeuchtigkeit jeweils 100 %. Sinkt die Temperatur, so kann die Luft einen bestimmten Anteil des Wasserdampfs nicht mehr halten, der dann in Tropfenform kondensiert.

Nr.	Frage	Antwort
5	Die EnEV hat im Februar 2002 die WSVO95 abgelöst. Welche wesentlichen Veränderungen hat es gegeben, für a) Neubauten b) Umbauten im Bestand?	a) • Übergang zu einer ganzheitlichen Betrachtung von Neubauten unter Einbeziehung der Anlagentechnik (Heizungsanlage) • Weiterentwicklung des vereinfachten Nachweisverfahrens für bestimmte Wohngebäude • Erleichterung für den Einsatz von erneuerbaren Energien zur Heizung, Lüftung und Warmwasserbereitung insbesondere bei Neubauten • Erhöhung der Transparenz der energetischen Eigenschaften des Gebäudes für Bauherrn und Nutzer durch aussagefähige Energieausweise • Senkung des Energiebedarfs neu zu errichtender Gebäude auf einen Niedrigenergiehausstandard, also um durchschnittlich 30 % gegenüber dem Niveau der WSVO95. • Umsetzung europarechtlicher Vorgaben • Aus dem k-Wert wurde der U-Wert • Aus dem $1/\Lambda$-Wert wurde der R-Wert b) • Verschärfung der energetischen Anforderungen bei wesentlichen Änderungen an Bauteilen, die erneuert, ersetzt oder erstmalig eingebaut werden • Verpflichtung zur Außerbetriebnahme besonders alter Heizkessel, die deutlich unter den heutigen Effizienzstandards liegen, bis zum Ende des Jahres 2006 bzw. 2008 • Dämmung von obersten Geschossdecken und von ungedämmten (frei zugänglichen) Rohrleitungen für die Wärmeverteilung und Warmwasser bis Ende 2005.

Nr.	Frage	Antwort
6	Was versteht man unter Wasserdampfdiffusion?	Unter Diffusion versteht man ganz allgemein das »Vermischen von Stoffen« bei unterschiedlicher Konzentration (Konzentrationsausgleich). Herrscht auf der einen Seite eines Bauteils ein höherer Wasserdampfteildruck (was gleichbedeutend ist mit absolut gesehen mehr Wasserdampfmolekülen) als auf der anderen Seite, so bewirkt das dadurch entstehende Dampfdruckgefälle, dass der Wasserdampf durch das Molekulargefüge des Bauteils durchdringt (diffundiert). Dieser Vorgang geht nur sehr langsam vonstatten, das heißt es werden nur sehr geringe Wassermengen transportiert. Im Winter verläuft dieser Partialdruck in der Regel von innen nach außen (Beheizung der Innenräume), im Sommer meist von außen nach innen, oder gar nicht.

7	Definieren Sie die Begriffe Wärmebrücke und Kältebrücke, was ist der Unterschied?	Der Begriff »Kältebrücke« wird seit einigen Jahren nur noch umgangssprachlich, aber nicht mehr technisch genutzt (in der Physik gibt es den Begriff »Kälte« nicht). »Kältebrücke« ist ein relativer Begriff der subjektiven Wahrnehmung, die einen bestimmten Bereich als kälter gegenüber der Umgebung fühlt. Wärmebrücken stellen Bereiche mit erhöhter Wärmeleitfähigkeit dar, zum Beispiel
		• Baustoffwechsel mit unterschiedlichen λ-Werten (Fuge – Stein)
		• unterschiedlicher Feuchtegehalt
		• unterschiedliche Geometrie
		  – Bauteildicke (Heizkörpernische)
		  – Außeneckbereiche (Außenfläche > Innenfläche).

Nr.	Frage	Antwort
8	a) Warum wird bei den Anforderungen an den Mindestwärmeschutz zwischen »schweren« und »leichten« Außenwänden unterschieden? b) In welcher Norm sind diese Anforderungen geregelt? c) Wo ist die Grenze zwischen einer »schweren« und einer »leichten« Außenwand?	a) Wegen der unterschiedlichen Wärmespeicherfähigkeit dieser Bauteile b) in DIN 4108 »Wärmeschutz im Hochbau« c) bei einer Flächen bezogenen Masse von 300 kg/m²
9	Was versteht man unter Klimadaten? Nennen Sie einige.	Das Klima wird bauphysikalisch durch Temperatur, Luftfeuchtigkeit und Luftdruck bestimmt. Klimadaten können Tabellen (Wetterdienst oder Normen) entnommen werden.
10	Auf welche Weisen kann Wärmeenergie übertragen werden?	• Elektromagnetische Strahlung z. B. Sonnenstrahlung oder Abstrahlung von Bauteilen mit höherer Temperatur als die der Umgebungsluft (z. B. Radiatoren) Umgangssprachlich: Wärmestrahlung • Wärmeleitung (z. B. durch Baustoffe mit hoher Dichte) • Konvektion, z. B. durch Luftbewegung oder fließendes Wasser
11	Wie kann man die relative Luftfeuchtigkeit verändern?	Indem man die Temperatur verändert oder der Luft Wasserdampf zuführt oder entzieht.
12	Erklären Sie das Blower-Door-Verfahren. Wo wird dieses Verfahren angewendet?	• Durch Einblasen von Luft wird in einem Gebäude ein Überdruck erzeugt. Durch die Gebläseleistung, die zur Aufrechterhaltung des Überdrucks aufgewendet werden muss, lässt sich die Luftwechselrate ermitteln. • Das Verfahren wird zur Bestimmung der Luftdichtigkeit eines Gebäudes angewendet. Die Luftwechselrate ist die Menge Luft, die aufgrund von Undichtigkeiten aus dem Gebäude entweicht.

Nr.	Frage	Antwort
13	Kann man mittels des Glaserschen Verfahrens die an der Oberfläche von mehrschichtigen Bauteilen entstehende Kondensatmenge berechnen?	Ja, jedoch nur bei Leichtbaukonstruktionen aus nicht kapillaraktiven Baustoffen. Durch Ermittlung der Wasserdampf-Partialdrücke (entspricht der jeweiligen absoluten Menge Wasserdampfmoleküle) in Abhängigkeit vom Temperaturverlauf können die möglichen Tauwassermengen errechnet werden.
14	Sowohl in der EnEV als auch in der DIN 4108 spielt der Wärmedurchgangskoeffizient U, auch U-Wert genannt, eine Rolle. Geben Sie die Definition dieser Kenngröße sowie ihre Maßeinheit an.	Der U-Wert gibt die Wärmemenge an, die in 1 Stunde durch 1 m^2 eines Bauteils bei einem Temperaturunterschied von 1 K zwischen Innen- und Außenseite durch ein Bauteil hindurch geht. Die Maßeinheit ist W/m^2K.
15	Sowohl in der EnEV als auch in der DIN 4108 spielt die Wärmeleitzahl, auch λ-Wert genannt, eine Rolle. Geben Sie die Definition dieser Kenngröße sowie ihre Maßeinheit an.	Der λ-Wert gibt die Wärmemenge an, die in 1 Stunde durch 1 m^2 eines Bauteils mit einer Dicke vom 1 m aus einem einheitlichen Baustoff bei einem Temperaturunterschied von 1 K zwischen Innen- und Außenseite durch ein Bauteil hindurch geht. Die Maßeinheit ist W/mK.

Nr.	Frage	Antwort
16	Hat eine auf der Innenseite von Außenbauteilen aufgebrachte Wärmedämmschicht Nachteile gegenüber einer Außendämmung und wenn ja, welche? Angaben nur in Stichworten, Berechnungen sind nicht erforderlich.	• Die Umfassungsbauteile können nicht als Wärmespeicher genutzt werden. • Die Umfassungsbauteile unterliegen größeren Temperaturschwankungen und sind deshalb mehr rissgefährdet. • Die Dämmschicht wird durch die Geschossdecken unterbrochen, was geometrische Wärmebrücken schafft. • Innendämmungen benötigen unter Umständen eine Dampfsperre auf der Raumseite. • Bei Einbau von Innendämmung sind Berechnungen erforderlich: 1. Berechnung des Feuchteverhaltens der Konstruktion 2. Berechnung von Wärmebrücken bei angrenzenden ungedämmten Bauteilen, wie z. B. Decken, einbindenden Wänden, u. a. • Durch Innendämmungen können an Wärmebrücken durch erhöhten linearen Wärmestrom niedrigere Bauteiloberflächentemperaturen als vorher entstehen. Es ist daher oft erforderlich, dass auch »um die Ecke« gedämmt werden muss, was nicht immer ohne weiteres machbar ist.

Nr.	Frage	Antwort
17	Erläutern Sie bitte in Stichworten die bauphysikalischen Begriffe: a) Sorptionsfähigkeit b) Sorptionsisotherme. c) Nennen Sie ein Beispiel für die Nutzungsmöglichkeit einer Sorptionsisotherme.	a) Alle porösen Baustoffe haben das Bestreben Feuchtigkeit in sich aufzunehmen in Abhängigkeit von der relativen Luftfeuchtigkeit. b) Sorptionsisothermen beschreiben die Aufnahme von Wasserdampf bei konstanter Temperatur in Abhängigkeit von der relativen Luftfeuchtigkeit. c) Holz reagiert zeitlich verzögert auf Veränderung der relativen Luftfeuchtigkeit. So kann durch Messung der Holzfeuchte Rückschluss auf den Feuchtegehalt der Luft in den betreffenden Räumen gezogen werden, was insbesondere bei der Klärung von Schimmelpilzproblemen von Bedeutung ist.
18	In der Diskussion um den Tauwasserschutz stark und schwach geneigter leichter Dachkonstruktionen tauchen immer wieder die Begriffe der Bauphysik »Diffusion« und »Konvektion« auf. a) Geben Sie kurze Begriffbestimmung unter Darstellung eventuell vorhandener Unterschiede. b) Warum ist das Auftreten von »Konvektion« bei Wärmeschutzmaßnahmen besonders sorgfältig zu vermeiden?	a) Diffusion: Transport von Wasserdampf durch ein Bauteil mit geschlossenen Schichten aufgrund unterschiedlichen Wasserdampfpartialdrucks auf den beiden Seiten des Bauteils (Konzentrationsaustausch). Konvektion: Transport von Wasserdampf durch Luftströmung. b) Durch Konvektion wird wesentlich mehr Wasserdampf transportiert als durch Diffusion.

Nr.	Frage	Antwort
19	Im Hinblick auf den winterlichen Wärmeschutz eines beheizten Gebäudes ist neben der EnEV oder früher der WSVO auch die DIN 4108, »Wärmeschutz im Hochbau« von Bedeutung. Welche Ziele verfolgt die DIN 4108? Nennen Sie in kurzer Form Zielrichtung, Zweck und Anwendungsbereich etc.	Die DIN 4108 regelt • Mindestwärmeschutz von Bauteilen aus hygienischen Gründen • Wärmeschutz für Aufenthaltsräume mit Raumtemperaturen von mehr als 19 °C nach außen, gegen fremde Räume oder gegen Räume niedriger Temperatur. Ziele sind: • geringer Heizenergieverbrauch • Sicherung eines hygienischen Raumklimas • Schutz vor klimabedingter Feuchtigkeitseinwirkung. Anwendungsbereiche sind • Wärmeschutz im Winter • Wärmeschutz im Sommer • Tauwasserschutz • Schlagregenschutz.
20	Welche Verschattungsarten kennen Sie und wie wirken diese?	• Vorgelagerte Bauteile (Puffer) • Roll- oder Schiebeläden (temporärer Wärmeschutz, sommerlicher Hitzeschutz ermöglicht die Abhaltung von Strahlung mit dem Nachteil der Verdunkelung in Innenräumen) • Jalousien (Abhaltung von solarer Strahlung) • fest eingebaute Verschattungen (Abhaltung von solarer Strahlung) • Bepflanzung (Abhaltung von solarer Strahlung, Kühlung durch Verdunstung) • innen liegende Verschattung (Abhaltung solarer Strahlung bis in Innenraumoberflächen, Nachteil: Wärme ist bereits im Innenraum).

Nr.	Frage	Antwort
21	Wie kommt es bauphysikalisch zum Effekt des Aufheizens?	Solare Strahlung (energieintensiv) regt die Oberfläche von Festkörpern zu höherer kinetischer Bewegung an. Dadurch wird die Wärme des Baustoffes erhöht, er »heizt sich auf«. Weniger energieintensiv sind andere elektromagnetische Strahlungen von Heizflächen, aus Spiegelungen, von anderen warmen Bauteilen, die aber auch eine, wenn auch langsamere, Aufheizung bewirken. Im Winter wird auch durch Konvektoren (Heizkörper) eine Aufheizung von Bauteilen bewirkt, die zwar langsam aber stetig ist. Die mögliche Höhe der Aufheizung ist stoff- und oberflächenabhängig (Wärmeeindring-, Wärmeweiterleitungs-, Wärmedämm-, und Wärmespeichervermögen).
22	Was ist eine Dampfbremse? Was ist eine Dampfsperre?	Eine normative Definition von Dampfbremse und Dampfsperre gibt es nicht. Beide bezeichnen einen gewissen Dampfsperrwert, den diese Bauteilschicht gegenüber einer Wasserdampfwanderung entgegen setzt. In der Baupraxis spricht man üblicherweise bei einem s_d-Wert von ≥ 10 m von einer Dampfbremse und bei einem s_d-Wert von 100 m von einer Dampfsperre. Dampfsperren haben den Nachteil, dass sie nicht auf die Umkehrdiffusion reagieren können.
23	Welcher Randbedingungen bedarf es, um an der Oberfläche von Bauteilen Schimmelpilz entstehen zu lassen?	Freies Wasser, ausreichende Temperatur, pH-Wert unter ca. 11, organische Substanz und minimal Sauerstoff über mindestens 5 Tage (bei Altbefall reichen einige Stunden aus). Freies Wasser entsteht ab ca. 70 % rel. Feuchte; normativ (DIN 4108-2) sind 80 % (80 % r. F. entsteht an Bauteiloberflächen bei 12,6 °C, wenn im Innenraum 20 °C und 50 % r. F. vorhanden sind und eine Außentemperatur von −5 °C herrscht).

Nr.	Frage	Antwort
24	Was versteht man im Rahmen des Wärmeschutzes unter Temperaturamplitudenverhältnis und Phasenverschiebung?	Das sommerliche Raumklima wird, abgesehen vom Sonneneintrag durch die Fenster, auch vom Temperaturdurchgang durch die nicht transparenten Außenbauteile bestimmt. Sommerlich warme Mittagstemperaturen und die niedrigen Temperaturen der Nacht bilden eine Wärmewelle, die sich durch das Bauteil von außen nach innen ausbreitet und an der inneren Bauteiloberfläche wieder in Erscheinung tritt. Wie stark die Wärmewelle gedämpft wird (**T**emperatur-**A**mplituden-**V**erhältnis) und wie lange der Temperaturdurchgang dauert (Phasenverschiebung), ist von der Bauteilkonstruktion abhängig. Geringe TAV-Werte erzielt man mit außen liegenden Dämmschichten und speicherfähigen Massen innen. Die Phasenverschiebung ist vor allem bei größeren TAV-Werten von Bedeutung. Sie muss dann im Zusammenhang mit der Nutzung des betrachteten Raums gesehen werden. Ziel ist dabei, die Maxima der Temperaturwelle mit der Raumnutzung abzustimmen. Für einen nach Osten orientierten Aufenthaltsraum wäre beispielsweise eine Phasenverschiebung von ca. 12 Stunden vorteilhaft, so dass die Kühle der Nacht den Raum erst zur Mittagszeit erreicht und das Mittagsmaximum erst in der Nacht eintrifft, wenn der Raum nicht mehr benutzt wird. Letztendlich sind das Wärmespeichervermögen der Baustoffe sowie das jeweilige Raumgewicht entscheidend für das Temperaturamplitudenverhältnis und die Phasenverschiebung.

Nr.	Frage	Antwort

25 Nach DIN 4108-2 Wärmeschutz im Hochbau soll ein befriedigender Schutz gegen Wärmeableitung (ausreichende Fußwärme) sichergestellt werden.
Erläutern Sie den Begriff »Fußwärme« unter bauphysikalischen Gesichtspunkten. Was versteht man darunter und von was ist sie abhängig?

»Fußwärme« ist ein subjektiver Begriff des Nutzers. Ein »fußwarmer« Boden leitet die Wärme aus dem Körper über die Füße nur schlecht oder gar nicht ab.
Voraussetzung für solche Oberflächen des Fußbodens ist in der Regel ein ausreichender Schutz gegen die Wärmeleitung aus dem Boden weg zu kalten Bauteilen (z. B. gegen Keller) durch ausreichend dicke Dämmschichten.
Weiter sind Oberflächenmaterialien mit einem geringen Wärmeeindringkoeffizienten zu wählen, damit die Wärme aus dem Körper (den Füßen) nicht sofort in den Boden abgeleitet wird. Beispiele für Oberflächen, mit geringem Wärmeeindringkoeffizient, sind Korkparkett, Holzbeläge sowie Teppichböden.
Bei Fußbodenheizungen können auch Materialien aus Stein mit einem hohen Wärmeeindringkoeffizient gewählt werden, da die Wärme von unten nachkommt. Voraussetzung ist selbstverständlich dann eine ausreichende Wärmedämmung unter der Fußbodenheizung.

Nr.	Frage	Antwort
26	In einem Gebäude rügen die Bewohner Zuglufterscheinungen, die von Ihnen beurteilt werden sollen. a) Welche Überprüfungen bzw. Untersuchungen nehmen Sie vor? b) Nennen Sie einen Grenzwert für die Luftgeschwindigkeit V bei einem Raum mit üblichem Raumklima Raum-/Lufttemperatur ca. 20–22 °C, rel. Luftfeuchtigkeit ca. 50 % die Luftgeschwindigkeit als unbehaglich empfunden wird. c) In welchen technischen Regelwerken finden Sie Hinweise auf den Einbau wirksamer Luftsperrschichten bzw. Luftdurchlässigkeit der Bauteile durch Fugen und Spalten?	a) • Blower-Door-Prüfung (möglichst mit Thermoanemometer und Nebelgenerator) • Prüfung von Wand- und Fensteroberflächentemperaturen (Thermik wegen zu hoher Temperaturdifferenz) ggfls. in Zusammenhang mit der Möblierung (Möglichkeiten der Erhöhung von Zugerscheinungen wegen »Kaminbildung«). b) ab ca. 0,2 m/sec c) • EnEV, § 5, Anhang 4, Abs. 2 • DIN 4108-7:2001-08 • DIN 4108-2:2001-03, Abschnitt 7 • DIN 4108-3:2003-04, Abschnitt 6 • DIN EN 13829:2001 • DIN EN 12207-1:2000-06

Nr.	Frage	Antwort
27	Werden die Auswirkungen von Wärmebrücken durch die Erhöhung des Wärmedurchlasswiderstandes anschließender Bauteile beeinflusst? Begründen Sie Ihre Aussage.	Ja, folgende Ausführungen für den Lastfall Winter: • Wenn angrenzende Bauteile gedämmt werden (= Erhöhung des Wärmedurchlasswiderstandes), entstehen geometrisch größere Längen bzw. Bauteildicken. Dadurch wird in der Regel die geometrische Wärmebrücke größer. • Bei Innendämmungen wird das außen liegende Bauteil kälter, weil es nicht mehr von innen erwärmt wird. Dadurch reduziert sich an der noch vorhandenen Wärmebrücke das Temperaturniveau (Erhalt des Eigentemperaturniveaus wegen Energieerhaltungssatz). • Werden Außenbauteile besser gedämmt, muss von innen weniger nachgeheizt werden. Deshalb reduziert sich »die am Bauteil ankommende Wärmemenge« hauptsächlich in Form von langwelliger Strahlung, obwohl die Raumtemperatur gleich hoch bleibt; Gleichzeitig besteht ein »Wärmedruck« von warm zu kalt, der sich auf weniger Fläche reduzieren muss und sich deshalb innerhalb des nun verhältnismäßig kleineren Wärmebrückenbereiches verstärkt.
28	Kann eine nachträglich aufgebrachte Wärmedämmung auf der Innenseite einer Außenwand bewirken, dass eine in der Wand verlegte Wasserleitung durch Frosteinwirkung gefriert? Warum nicht bzw. warum?	Durch eine auf der Innenseite einer Außenwand angebrachte Wärmedämmung sinkt das Temperaturniveau in der tragenden Wand, was in Extremfällen zu einem Absinken der Temperatur unter den Gefrierpunkt führen kann.

Nr.	Frage	Antwort
29	Erklären Sie Ψ-(psi) und Θ-(Theta) Werte sowie deren Unterschiede.	Der Ψ-Wert ist der Wärmebrückenverlustkoeffizient und wird verwendet für den öffentlich rechtlichen Nachweis nach EnEV. Er beschreibt die zusätzlichen Wärmeverluste, die durch Wärmebrücken verursacht werden. Er wird ermittelt über • Oberflächentemperaturen im Bereich der Wärmebrücke • Wärmeübergangswiderstand • Innen- und Außenlufttemperaturen. Daraus ergibt sich der örtliche wärmebrückenbezogene Wärmedurchgangskoeffizient. Über den Einflussbereich der Wärmebrücke summiert ergibt sich daraus der zweidimensionale, thermische Leitwert L2D [W/mK]. Die Differenz zwischen diesem Leitwert und dem, in der (EnEV-)Berechnung angesetzten, eindimensionalen Wärmeverlust ist der Wärmebrückenverlustkoeffizient. Der innere Wärmeübergangswiderstand R_{si} wird mit 0,13 m²K/W angesetzt. Der Θ-(Theta) Wert markiert die niedrigste Oberflächentemperatur an einer Wärmebrücke zur Erfassung schimmelpilzgefährdeter Bauteile. Die inneren Wärmeübergangswiderstände R_{si} werden, je nach Anforderungen eingesetzt mit: • 0,25 m²K/W (DIN 4108-2) für beheizte Räume • 0,17 m²K/W (DIN 4108-2) für unbeheizte Räume • 0,25 m²K/W (EN ISO 10211) für beheizte Räume, obere Raumhälfte • 0,35 m²K/W (EN ISO 10211) für beheizte Räume, untere Raumhälfte • 0,5 m²K/W (EN ISO 10211) hinter Möbeln, • 0,13 m²K/W (EN ISO 10211) für Verglasungen.

Nr.	Frage	Antwort
30	Was bezeichnet man als Wärmemenge und in welcher Einheit wird sie angegeben?	Die Wärmemenge Q wird in Kilo-Joule [kJ] oder in Wattstunde [Wh] angegeben. Definition: Man benötigt 1 kJ um 0,2388 kg freies bzw. ungebundenes Wasser um 1 K zu erwärmen. Umrechnung: 1 Wh = 3,6 kJ 1 Wsec = 1 J
31	In einer Luftpore eines mineralischen Baustoffes hat sich unter Druck Wasser angesammelt. Wie erfolgt die Abtrocknung, wenn der Wasserdruck nicht mehr anliegt?	Luftporen haben einen Porenradius > 0,1 mm. In diesen Poren kann Wasser nicht mehr kapillar zur Bauteiloberfläche geleitet werden und dort verdunsten. Die Trocknung kann nur noch unter Diffusion erfolgen, was sehr langwierig ist.
32	Auf einer ungestörten Innenwand stellt sich unter den Randbedingungen der DIN 4108-2 eine innere Oberflächentemperatur vom 13,5 °C ein. Ist mit Schimmelpilz in den äußeren Raumecken zu rechnen?	Äußere Raumecken stellen eine Wärmebrücke mit erhöhtem Wärmeabfluss dar. Ohne eine entsprechende Berechnung vorzunehmen, wird sich die innere Oberflächentemperatur in den Raumecken ca. 3,0 K unter der auf der ungestörten Wandfläche einstellen. Gemäß DIN 4108-2 Abschnitt 6.2 ist bei Oberflächentemperaturen unter 12,6 °C mit Schimmelpilzbefall zu rechnen, da sich bei einer Raumlufttemperatur von 20 °C mit einer relativen Luftfeuchtigkeit und bei einer gleichzeitigen Außenlufttemperatur von −5 °C auf der Wandoberfläche eine relative Luftfeuchtigkeit von 80 % einstellt.

Nr.	Frage	Antwort
33	Mit welchen Feuchtelasten ist bei einem 4-Personenhaushalt innerhalb von 24 Stunden zu rechnen?	Nach einem Forschungsbericht der TU Dresden aus dem Jahr 2001 wird durch einen 4-Personenhaushalt folgende Feuchtemengen in die Wohnung eingebracht: 4 Personen ca. 3 500 g/d Pflanzen (15 Stück) ca. 700 g/d Küche, Kochen, Spülen ca. 1 100 g/d Bad, Dusche, Wanne ca. 1 100 g/d Sonstiges ca. 920 g/d Summe, ohne Wäsche waschen ca. 7 300 g/d Wäsche waschen ca. 3 100 g/d
34	Eine Gebäudeaußenwand besteht aus einer 16 cm dicken Stahlbetonwand, innen gespachtelt und gestrichen, außen mit einem 12 cm dicken Wärmedämmverbundsystem versehen. Die Wand erfüllt die Forderungen an den hygienischen Wärmeschutz gemäß DIN 4108-2. Dennoch kommt es in der kalten Jahreszeit zu Schimmelpilzbefall in Wandmitte. Wie erklären Sie das?	Auch bei ausreichendem Heiz- und Lüftungsverhalten der Bewohner der Wohnung kommt es immer wieder zeitweise zu Feuchtigkeitsspitzen. Im vorliegenden Fall kann diese Feuchte nicht kurzfristig im Wandputz gepuffert werden und somit wird es zu Sporenkeimung kommen. Der Einbau eines möglichst alkalischen Wandverputzes wird dieses Problem beseitigen.
35	Welche Bedeutung hat der Mindestwärmeschutz nach DIN 4108-2?	Bei Normklima (Innen: 50 % relative Luftfeuchtigkeit und 20 °C Lufttemperatur; Außen: 80 % r. F. und −5 °C) darf die niedrigste Wandoberflächentemperatur auf Wärmebrücken 12,6 °C nicht unterschreiten (dies entspricht einem f_{Rsi}-Wert von < 0,7 und einer relativen Luftfeuchte von 80 %, was einem a_w-Wert von 0,8 entspricht). Es besteht sonst höchste Schimmelwachstumsgefahr.

Nr.	Frage	Antwort
36	Was beschreibt der f_{Rsi}-Faktor (Temperaturfaktor)?	Der f_{Rsi}-Faktor ist definiert $$f_{Rsi} = \frac{\Theta - \Theta_e}{\Theta_i - \Theta_e}$$ Θ_{si} = Wandoberflächentemperatur Θ_e = Temperatur der Außenluft Θ_i = Temperatur der Raumluft Unter den Randbedingungen des Normklimas • innen: rel. Luftfeuchtigkeit 50%, Lufttemperatur 20°C • außen: rel. Luftfeuchtigkeit 80%, Lufttemperatur −5°C) errechnet sich der f_{Rsi}-Wert zu 0,7 bei einer Oberflächentemperatur von 12,6°C. Dies ist der Mindestwert für den Mindestwärmeschutz.
37	Welchen Einfluss hat der Feuchtegehalt auf den λ-Wert?	Mit steigendem Feuchtegehalt nimmt die Wärmeleitfähigkeit ebenfalls zu und der Dämmwert entsprechend ab.
38	Warum kann man eine kapillaraktive Innendämmung nicht mit dem Glaserverfahren diffusionstechnisch berechnen?	Das Glaserverfahren berücksichtigt für den Wassertransport nur den Mechanismus der Wasserdampfdiffusion. Die wesentlich leistungsfähigere Kapillarität bleibt dagegen völlig unberücksichtigt. Zur Bewertung der Funktionalität muss deshalb mit Rechenverfahren wie z.B. dem COND-Programm gerechnet werden.

Nr.	Frage	Antwort
39	Welche bauphysikalischen Randbedingungen müssen bei einer kapillaraktiven Innendämmung beachtet werden?	• Die Dämmplatte muss vollflächig, also hohlraumfrei verklebt werden. • Der Kleber muss diffusionsdichter sein als die Dämmplatte (Wasserdampfbremse). • Der Kleber soll eine geringere Kapillarität besitzen als die Dämmplatte. • Beschichtungssysteme auf der Dämmplatte müssen einen s_d-Wert haben, der kleiner ist als der der Dämmplatte. • Die Beschichtungssysteme müssen kapillaraktiv sein. • Die bewitterte Fassade muss gegen Schlagregen geschützt sein (kleiner w-Wert).
40	Was versteht man unter dem λ-Rechenwert?	Der λ-Rechenwert entspricht der Wärmeleitfähigkeit eines Baustoffs, gemessen bei der Gleichgewichtsfeuchte. Diese stellt sich bei einer rel. Luftfeuchtigkeit von 80 % und 22 °C ein.
41	Was versteht man unter einer kapillaraktiven Innendämmung?	Bei einer kapillaraktiven Innendämmung kommt es auf der Kaltseite der Dämmung zu einer Zwangskondensation von Wasserdampf. Dieser wird durch die Kapillarität der Dämmplatte zur Raumseite geführt und dort durch Verdampfen an die Raumluft abgegeben.

8 Schallschutz

Nr.	Frage	Antwort
1	Erklären Sie die Einheit »Dezibel (dB)«.	Die Dezibel-Skala ist eine logarithmische Skala mit der physikalische Größen in relativer Art dargestellt werden. Diese Skala wird u. a. zur Kennzeichnung des Schalldrucks und auch bei der Schalldämmung von Bauteilen verwandt.
2	Erläutern Sie das »Bergersche Massengesetz«.	Das Bergersche Massengesetz kennzeichnet in prinzipieller Weise das Verhalten der Luftschalldämmung von einschaligen Bauteilen. Demnach steigt die Schalldämmung mit der Frequenz und der Masse wie folgt an: • 6 dB je Frequenzverdopplung • 6 dB je Massenverdopplung Ausgedrückt wird das z. B. in folgender Formel: $R = 20 \lg (f \cdot M) - 45 \, [dB]$ wobei • f = Frequenz in Hz • M = flächenbezogene Masse in kg/m² bedeutet.
3	Wodurch unterscheiden sich Luftschall, Körperschall und Erschütterungen? Erläutern Sie in kurzer Form die Unterschiede.	• Luftschall: Ausbreitung von Schall in Luft • Körperschall: Ausbreitung von Schall in festen Körpern • Erschütterung: tieffrequente (wenige Hz bis ca. 100 Hz) Körperschallschwingungen in Gebäuden.
4	Was verstehen Sie unter einem bewerteten Schalldruckpegel?	Die Empfindlichkeit des menschlichen Gehörs ist frequenzabhängig. Mit Hilfe einer Bewertungskurve (A-Kurve), wird die Empfindlichkeit nachempfunden. Wird die Kurve bei der Messung des Schalldruckpegels angewandt, erhält man den A-bewerteten Schalldruckpegel, gemessen in dB(A).

Nr.	Frage	Antwort
5	Was verstehen Sie unter Nachhallzeit?	Die Nachhallzeit ist die Zeit, die vergeht, bis nach dem Abschalten eines stationären Signals in einem Raum der Schalldruckpegel um 60 dB abgefallen ist.
6	Definieren Sie den Begriff Schallbrücke.	Eine Stelle mit geringerer Schalldämmung zwischen zwei akustisch getrennten Bereichen oder Bauteilen. Beim Luftschall entstehen Schallbrücken z. B. durch Undichtigkeiten oder lokale Bauteilschwächungen, beim Körperschall z. B. durch lokal starre Verbindung zwischen ansonsten elastisch gekoppelten Bauteilen.
7	a) Wodurch sind schalltechnische Beeinträchtigungen bei Wasserinstallationen möglich? b) Worauf müssen Planer und ausführende Firma achten? c) Was ist bei sonstigen haustechnischen Anlagen zu beachten?	a) Durch Schallübertragung von Installationselementen auf massive Bauteile, z. B. durch: • Strömungsgeräusche in den Armaturen • Strömungsgeräusche in Rohrleitungen • Ein- und Ablaufgeräusche in den Bade- und Duschwannen b) Auswahl der richtigen Armatur • Konsequente Körperschallentkopplung der Installationsführung • Armatur • Rohrleitung • Dusch-/Badewanne • Richtige Auswahl der Installationswände (z. B. schwere massive Trägerwand oder Vorwandinstallationen) c) Hinreichende Körperschallentkopplung, die jeweils auf die Anlage abgestimmt sein muss (elastisch gelagerte Fundamente, elastische Wand- oder Bodenbefestigung).
8	Worin liegt der schalltechnische Nachteil einer doppelschaligen Konstruktion?	In der Verschlechterung der Schalldämmung bei der Resonanzfrequenz.

Nr.	Frage	Antwort
9	In welchem Frequenzbereich erfolgt in der Bauakustik die Bewertung zur Luft- und Trittschalldämmung? Warum werden die darüber bzw. darunter liegenden Frequenzen nicht berücksichtigt?	Die Bewertung erfolgt im Frequenzbereich zwischen 100 Hz und 3 150 Hz. Die Frequenzen oberhalb von 3 150 Hz werden nicht berücksichtigt, da hier die Schalldämmung der Bauteile aus physikalischen Gründen meist ohnehin sehr gut ist und zudem die Empfindlichkeit des Ohres abnimmt. Bei tiefen Frequenzen versagt die Messgenauigkeit, die eine entsprechend genaue Erfassung der Schalldämmung nicht möglich macht. Leider wird in Deutschland durch den konsequenten Einsatz zweischaliger Konstruktionen dieser Umstand so ausgenutzt, dass im Frequenzbereich < 100 Hz die Systemresonanzen liegen und somit die Schalldämmung vieler Konstruktionen (schwimmender Estrich, Doppelwand) verhältnismäßig schlecht ist.
10	Welcher Gesamtschallpegel ergibt sich, wenn man die Pegel zweier unkorrelierter Schalle (zwei Lüftungsgeräusche o. ä.) von jeweils 39 dB(A) addiert?	Werden zwei unkorrelierte Schalle mit gleich hohen Schalldruckpegeln addiert, so addieren sich die Signalenergien. Einer Verdopplung der Energie entspricht eine Erhöhung des Schalldruckpegels um 3 dB. Im vorliegenden Fall ergibt sich ein Gesamtschalldruckpegel von 42 dB(A).
11	Welche Norm ist bauordnungsrechtlich maßgeblich für die Anforderungen an die Luft- und Luftschalldämmung von Außenbauteilen?	DIN 4109
12	Was ist die kennzeichnende Größe der Trittschalldämmung für den Nachweis der Eignung des Bauteils?	$L'_{n,w,R}$ in dB

Nr.	Frage	Antwort
13	Was ist mit wesentlich bestimmend für die Luftschalldämmung zwischen zwei Räumen abgesehen von der eigentlichen Konstruktion des trennenden Bauteils?	Die flankierenden Bauteile.
14	Welche Frequenz ist in der Akustik bezeichnend für die Begriffe »biegeweich« und »biegesteif«?	Bei einschaligen Bauteilen wird die Schalldämmung wesentlich durch die Spuranpassung oder Koinzidenz beeinflusst. Das ist immer dann gegeben, wenn die Biegewellenlänge genau so groß oder größer ist als die Luftwellenlänge. Für alle Wellenlängen, für die die Bedingung Biegewelle größer als Luftwellenlänge erfüllt ist, ist der Effekt der Spuranpassung möglich. Für jedes Bauwerkteil gibt es eine bestimmte Frequenz, bei der die frequenzabhängige Biegewellengeschwindigkeit mit der Schallgeschwindigkeit in der Luft übereinstimmt und oberhalb der mit dem die Schalldämmung vermindernden Einfluss der Spuranpassung zu rechnen ist. Man bezeichnet diese Frequenz als Koinzidenz-Grenzfrequenz des Bauwerksteils. Liegt die Grenzfrequenz unterhalb von ca. 200 Hz, so nennt man das Bauwerkteil ausreichend biegesteif und bei einer Grenzfrequenz oberhalb ca. 2 000 Hz als ausreichend biegeweich.
15	Welches Vorhaltemaß ist zur Erfüllung der Anforderungen an die Luftschalldämmung von Türen im eingebauten betriebsfertigen Zustand zu berücksichtigen bezogen auf das Prüfzeugnis der Tür?	$_{erf}R_w$ + 5 dB, das bedeutet, Prüfzeugnis der Türe muss einen um 5 dB höheren Wert aufweisen, als die Türe im eingebauten Zustand.
16	Was ist hauptsächlich bestimmend für das Trittschallverbesserungsmaß eines schwimmenden Estrichs?	Die dynamische Steifigkeit der Trittschalldämmschicht.

Nr.	Frage	Antwort
17	Welche Räume einer typischen Wohnung sind keine schutzbedürftigen Räume im Sinne der DIN 4109 zum Schutz vor Geräuschen aus haustechnischen Anlagen?	Küchen (mit Ausnahme von Wohnküchen), Bäder, Gäste-WCs, Abstellräume
18	Was versteht man physikalisch unter Schall?	Mechanische Schwingungen elastischer Medien werden als Schall bezeichnet. Elastische Medien können gasförmig, flüssig oder fest sein.
19	In der DIN 4109 ist ausgesagt, dass Nutzergeräusche nicht den Anforderungen an den maximal zulässigen Schalldruckpegel in schutzbedürftigen Räumen bei Geräuschen aus haustechnischen Anlagen unterliegen. Warum erfolgte dieser Ausschluss?	Weil diese ausschließlich in der Verantwortung des Nutzers liegen und somit individuell und nicht reproduzierbar sind.
20	Schallschutz wird hauptsächlich durch Dämmung erreicht. Nach welcher Schwingungsanregung wird dabei unterschieden? Erläutern Sie diese unterschiedlichen Anregungen.	Es wird unterschieden zwischen Luftschallanregung und Körperschallanregung. Luftschallanregung entsteht z. B. durch Sprache oder Musik. Körperschallanregung ist unter anderem bei Trittschall gegeben aber auch bei Anregung durch Maschinen und Sanitärinstallationen gegenüber dem Baukörper.
21	Welche Schalldämmanforderungen werden an Wohnungseingangstüren gestellt?	Bei Wohnungen mit Dielen beträgt der erforderliche Schalldämmwert $R_{w,R}$ = 27 dB. Führt die Türe direkt in einen Wohnraum, so beträgt der erforderliche Schalldämmwert $R_{w,R}$ = 37 dB. Dabei ist ein Vorhaltemaß von −5 dB gegenüber dem geprüften Schalldämmwert $R_{w,P}$ zu berücksichtigen.

Nr.	Frage	Antwort
22	Was ist ein Vorhaltemaß? Benennen Sie Beispiele.	Industriell gefertigte Bauteile werden in Prüflabors hinsichtlich ihrer Schalldämmwerte überprüft. Die Prüfergebnisse werden mit $R_{w,P}$ bei Luftschall bzw. mit $L_{n,w,P}$ bei Trittschall bezeichnet. In der bautechnischen Praxis lassen sich die Laborwerte jedoch durch physikalisch bedingte und »handwerkliche« Toleranzen nur mit einigen Abstrichen zu erreichen. Das Ergebnis auf der Baustelle kann demnach schlechter sein. Dieser Umstand wird durch Vorhaltemaße berücksichtigt. So ist zum Beispiel bei Türen ein Vorhaltemaß gegenüber den Ausweisungen im Prüfzeugnis von −5 dB und bei Treppenläufen ein Vorhaltemaß von +2 dB zu erwarten.
23	Was ist der Unterschied zwischen dB und dB(A)?	Die Schalldämmung wird in dB ausgewiesen. Dieses ist ein rein technischer Wert. Um in der Praxis der technischen Akustik, insbesondere bei der Lärmbekämpfung, das Frequenzverhalten des menschlichen Gehörs nachzuempfinden, werden als praxisgerechte Näherung so genannte Frequenzbewertungskurven verwendet. Dem menschlichen Gehör am nächsten kommt die Kurve A, die in dB (A) ausgewiesen wird. Dabei sind dB und dB(A) bei einer Frequenz von 1 000 Hz identisch. Die Werte sinken von dB(A) bei Frequenzen über und unter 1 000 Hz gegenüber dB ab.

Nr.	Frage	Antwort
24	Was ist der Unterschied zwischen Resonanzfrequenz und Grenzfrequenz?	Die Resonanzfrequenz bezieht sich auf ein schwingungsfähiges System mit Eigenresonanzen. In der Bautechnik sind dies meist zweischalige oder mehrschalige Konstruktionen. Die Grenzfrequenz bezieht sich auf den Koinzidenzeffekt (Spuranpassung), bei der bei einschaligen Bauteilen ab einer Grenzfrequenz, bei der sich die sich auf dem Bauteil ausbreitende Biegewelle die gleiche Geschwindigkeit besitzt wie die auf das Bauteil projizierte Luftschallwelle. Die Grenzfrequenz ist abhängig von den Materialeigenschaften wie E-Modul, Dicke usw.
25	Wie verhält sich bei der Verdoppelung der flächenbezogenen Masse einer einschaligen, schweren Wand die Luftschalldämmung?	Die Luftschalldämmung steigt um 6 dB.
26	Bei welchen Frequenzen führen Undichtigkeiten in einer Wandkonstruktion primär zur Reduktion der Schalldämmung?	Bei hohen Frequenzen.
27	Wann ist ein erhöhter Schallschutz geschuldet?	In der Regel nur, wenn er explizit vertraglich vereinbart wurde.

Nr.	Frage	Antwort
28	Erklären Sie die besondere schalltechnische Wirkung einer Doppelwand im Vergleich zu einer gleich schweren Einzelwand. Beschreiben Sie hierzu den prinzipiellen Verlauf der Luftschalldämmkurve einer massiven schweren Doppelwand und erklären Sie die einzelnen Bereiche.	Der Frequenzverlauf einer Doppelwand wird durch drei Bereiche gekennzeichnet: • tiefe Frequenzen unterhalb der Doppelwandresonanz: Die Schalldämmung steigt wie bei einer gleichschweren Einfachwand mit 6 dB/Oktave an. • Resonanzfrequenz: Bei der Doppelwandresonanz bricht die Schalldämmung einer Doppelwand ein. Hier ist die Schalldämmung geringer als die einer gleich schweren Einfachwand. • oberhalb der Doppelwandresonanz: Hier liegt der eigentliche Vorteil einer Doppelwandkonstruktion gegenüber einer Einfachwand. Der Anstieg der Schalldämmung beträgt ca. 18 dB/Oktave und übersteigt damit die Wirkung einer Einfachwand bei weitem. Damit eine Doppelwand eine entsprechend gute Wirkung zeigt, ist die Wand stets so zu dimensionieren, dass die Doppelwandresonanz unterhalb des bauakustischen Messbereichs (also < 100 Hz) liegt.

9 Brandschutz

Nr.	Frage	Antwort
1	Die grundsätzlichen Anforderungen an den vorbeugenden Brandschutz sind im § 17 der Musterbauordnung formuliert. Was sind die wesentlichen Forderungen?	Bauliche Anlagen müssen so beschaffen sein, dass der Entstehung eines Brandes und der Ausbreitung von Feuer und Rauch vorgebeugt wird, und bei einem Brand die Rettung von Menschen und Tieren, sowie wirksame Löscharbeiten möglich sind.
2	Was versteht man unter Vermiculite?	Vermiculite ist ein Feldspat-Glimmer, der speziellen Trägerplatten zugegeben wird oder aus dem Trägerplatten komplett hergestellt werden. Die Kleber entsprechen denen von Spanplatten. Es können so Trägerlatten in A2-Qualität hergestellt werden. Das Problem dabei ist, dass diese Platten nur eine geringe Biegefestigkeit (ca. 3 N/mm²) im Vergleich zu normalen Spanplatten (ca. 12 N/mm²) aufweisen.
3	Erläutern Sie kurz und prägnant, eventuell in Stichworten, was Sie aus bautechnischer Sicht unter nachstehenden Begriffen verstehen. Berücksichtigen Sie dabei besonders die Gemeinsamkeiten und/oder Unterschiede der einzelnen Begriffe. In welchen Normen sind hier Festlegungen und eventuell auch weitere Untergliederungen getroffen? a) brennbar b) feuerhemmend c) feuerbeständig	a) Brennbar: Der Begriff ist eine bauaufsichtliche Benennung und entspricht der Baustoffklasse B nach DIN 4102, untergliedert in • B1 (schwer entflammbar) • B2 (normal entflammbar) • B3 (leicht entflammbar). Brennbare Baustoffe sind immer organische Materialien. b) Feuerhemmend: Der Begriff ist eine bauaufsichtliche Benennung und entspricht der Feuerwiderstandsklasse F30 nach DIN 4102. c) Feuerbeständig: Der Begriff ist eine bauaufsichtliche Benennung und entspricht der Feuerwiderstandsklasse F90 nach DIN 4102.
4	Wo liegt die kritische Temperatur von Stahl?	Bei ca. 500 °C

Nr.	Frage	Antwort
5	In welchem regelmäßigen Zeitraum muss bei öffentlichen Gebäuden eine Brandschau abgehalten werden?	Alle 5 Jahre ist bei öffentlichen Gebäuden eine Brandschau abzuhalten.
6	Wie hoch darf der Anteil brennbarer Bestandteile an einem Werkstoff der Baustoffklasse A1 sein?	Baustoffe der Klasse A1 dürfen maximal einen Anteil von 1 % organischer (brennbarer) Substanzen aufweisen.
7	Welche Forderungen hinsichtlich des Brandschutzes gelten für Wände eines freistehenden Einfamilienwohnhauses?	Es werden bei einem freistehenden Einfamilienwohnhaus an die Wände (und die sonstigen Bauteile) keinerlei Brandschutzanforderungen gestellt.
8	Welcher Unterschied besteht bei Verglasungen zwischen F 30 und G 30?	Bei G-30 Konstruktionen werden an die Verglasung folgende Anforderungen gestellt: • Verglasung darf unter Eigenlast nicht zusammenbrechen. • Durchgang von Feuer und Rauch muss verhindert werden. • Verglasung muss als Raumabschluss wirksam bleiben (keine Flammen auf der feuerabgekehrten Seite). Bei F-30 Konstruktionen werden an Verglasungen folgende zusätzliche Forderungen gestellt: • angehaltener Wattebausch darf nicht zünden oder glimmen • die vom Feuer abgekehrte Oberfläche darf sich um nicht mehr als 140 K (Mittelwert) bzw. 180 K (Höchstwert) erwärmen.
9	Nennen Sie baurechtliche Grundsätze nach denen Brandwände vorgesehen werden müssen.	• wenn Gebäudegrenzabstände dies erfordern • bei aneinander gereihten Wohngebäuden • innerhalb ausgedehnter Gebäude auf demselben Grundstück in definierten Abständen.

Nr.	Frage	Antwort
10	• Auf welche Art und Weise können Baustoffe und Bauverfahren eine Zulassung erhalten? • Wer ist die erteilende Stelle?	Folgende Verwendbarkeitsnachweise für Baustoffe und Bauverfahren sind möglich: • die allgemeine, bauaufsichtliche Zulassung (Deutsches Institut für Bautechnik) • Allgemeines bauaufsichtliches Prüfzeugnis (Materialprüfanstalt) • Klassifizierung nach DIN 4102-4 • Zustimmung im Einzelfall durch die oberste Baubehörde • Bauregellisten-Nennung des Bauproduktes.
11	Was versteht man unter einer Brandlast?	Die Brandlast entspricht der potenziell freiwerdenden Wärmeenergie, die durch die in einem bestimmten Bereich auf Grund der dort befindlichen Baustoffe entstehen kann. Die Brandlast wird gemessen in kWh/m^2. Es wird unterschieden nach immobiler Brandlast (Bauwerk selber) und mobiler Brandlast (Einrichtung und Möbel).
12	Welcher Bedingungen bedarf es, damit ein Brand entsteht?	• Brennstoff • Sauerstoff • Zündung • richtiges Mengenverhältnis • Katalysator müssen vorhanden sein.
13	Was verstehen Sie unter Sonderbauten? Geben Sie Beispiele für Sonderbauten und die sie betreffenden Vorschriften.	Sonderbauten sind Objekte deren Nutzung von einer Nutzung als Wohn- oder Bürogebäude abweicht. Dies sind zum Beispiel Hochhäuser, Schulbauten, Beherbergungsstätten, Versammlungsstätten, Krankenhäuser etc. Die jeweiligen Landesbauordnungen (z. B. § 56 LBO NRW) weisen auf die entsprechenden Sonderbauordnungen hin.

Nr.	Frage	Antwort
14	Welche Feuerwiderstandsklasse haben • ungeschützte Stahlkonstruktionen • ungeschützte Holzkonstruktionen?	• Stahlkonstruktionen haben keinerlei Feuerwiderstandsklasse (F-0). • Holzkonstruktionen können alleine dadurch die Feuerwiderstandsklasse F-30-B oder gar F-90-B erreichen, indem die Querschnitte nach DIN 4102-4, Abschnitt 5.5 ausgeführt werden.
15	Welche Anforderungen werden an Brandwände gestellt?	Brandwände müssen in der Feuerwiderstandsklasse F-90 und aus nichtbrennbaren Baustoffen hergestellt sein. Sie müssen so beschaffen sein, dass sie bei einem Brand ihre Sicherheit nicht verlieren und die Verbreitung von Feuer und Rauch auf andere Gebäude und Brandabschnitte verhindern.
16	Was versteht man unter einer Einheitstemperaturkurve?	Um bei Brandschutz-Prüfverfahren reproduzierbare Ergebnisse bei verschiedenen Bauteilen und natürlich auch bei verschiedenen Prüfstellen zu erhalten, ist als Beanspruchungsgröße die so genannte Einheits-Temperaturkurve (ETK) festgelegt. Diese beginnt bei einem Brandversuch bei Raumtemperatur und erreicht nach ca. 5 Minuten die kritische Temperatur für Stahl (531 °C). Nach 30 Minuten beträgt die Temperatur ca. 820 °C und nach 90 Minuten ca. 1000 °C.
17	Was versteht man unter Sprinklern?	Sprinkler sind Selbstlöschanlagen. Sie werden in der Regel nicht bauaufsichtlich gefordert, sondern durch Feuerversicherungen. Die Löschauslösung erfolgt bei Temperaturanstieg dadurch, dass der Glaskörper platzt und das Löschwasser dann ausströmt. Sprinkleranlagen müssen den Vorgaben des Verbands der Sachversicherer (VdS) entsprechen und regelmäßig überprüft werden.

Nr.	Frage	Antwort
18	Welche Anforderungen werden an Bauteile mit den Klassifizierungen F-30 oder F-90 gestellt?	Während der jeweiligen Prüfdauer von 30 bzw. 90 Minuten muss das Bauteil unter Belastung entsprechend der Einheitstemperaturkurve folgende Anforderungen erfüllen: • Der Durchgang von Feuer muss verhindert werden, auf der dem Brand abgewandten Seite dürfen keine Flammen auftreten. • Der Raumabschluss muss gewahrt bleiben. Ein, auf der vom Feuer abgewandten Seite, angehaltener Wattebausch (Cotton pad) darf auch im Bereich von Spalten, Rissen oder Fugen innerhalb von 30 Sekunden nicht glimmen oder gar entflammen. • Die Gefahr des Durchzündens darf nicht gegeben sein. Daher darf sich die Oberfläche auf der vom Feuer abgekehrten Bauteiloberfläche im Mittel nicht um mehr als 140 °K und an keiner (Einzel)-Stelle um mehr als 180 °K gegenüber der Temperatur zu Versuchsbeginn erhöhen. • Der Raumabschluss gilt außerdem nur als ausreichend gewahrt, wenn das Bauteil am Ende seiner Feuerwiderstandsdauer nicht durch eine Stoßbeanspruchung einer an einem Seil hängenden Kugel so zerstört oder beeinträchtigt wird, dass eines der Versagenskriterien eintritt.
19	Bei welchen Wohngebäuden werden Rauch- und Wärmeabzugsklappen im Treppenraum gefordert und wie werden diese dimensioniert?	Bei Wohngebäuden mit mehr als 5 Vollgeschossen wird eine RWA (Rauch- und Wärmeabzugsanlage) an der höchsten Stelle des Treppenhauses mit einem geometrischen Abzugsquerschnitt von mindestens 5 % der Treppenhaus-Grundfläche, mindestens jedoch 1 m², gefordert.

Nr.	Frage	Antwort
20	Welche Feuerwiderstandsklasse ist ein Bauteil, das bei einem Brandversuch 55 Minuten die Bedingungen der Normprüfung erfüllt?	Die Feuerwiderstandsklasse F-30 wird erfüllt, die Feuerwiderstandsklasse F-60 wird knapp nicht erreicht.
21	Wie hoch ist die durchschnittliche Abbrandrate von Holz?	1 mm/min
22	Eine Stahlbetonkonstruktion ist thermisch beaufschlagt worden. Woran können Sie erkennen, ob es zu einer Schädigung des Bauteils gekommen sein kann?	Wird Stahlbeton zu heiß, so entstehen Abplatzungen. Sollte die Armierung aufgrund dieser Abplatzungen offen liegen, so kann davon ausgegangen werden, dass die statische Tragfähigkeit des Bauteils beeinträchtigt ist.
23	Nennen Sie Möglichkeiten eine Stahlkonstruktion brandschutztechnisch zu ertüchtigen.	• Bekleiden mit Brandschutzplatten • Anstrich mit aufschäumenden Farben • Spritzbeton

10 Baugrund und Bodenmechanik

Nr.	Frage	Antwort
1	Darf man einen Rohrleitungsgraben ohne Verbau ausheben? Gegebenenfalls unter welchen Bedingungen?	Nach DIN 4124 dürfen Rohrgräben bis zu einer Tiefe von 1,25 m ohne Verbau ausgeführt werden, wenn die anschließende Geländeoberfläche nicht stärker als 1:10 (nicht bindige Böden) bzw. 1:2 (bindige Böden) geneigt ist.
2	Sie sind als Sachverständiger hinzugezogen, um Rissschäden an einem Gebäude zu beurteilen. Nach intensiver Prüfung der Hochbaukonstruktion können Sie in diesem Bereich keine Schadensursache finden. Sie vermuten, dass der Baugrund oder Gründungskonstruktion eine Rolle spielen. Das Gebäude ist nicht unterkellert. Pläne liegen nicht vor. Ein Baugrundgutachten wurde ebenfalls nicht durchgeführt. Welche Maßnahmen würden Sie vorschlagen, um die Schadensursache herauszufinden?	Folgende Maßnahmen sollten vorgenommen werden: • vorsichtiges, abschnittsweises Freilegen der Fundamente zur Klärung der Gründungskonstruktion. Kleinere Grabarbeiten zunächst durch Handschachtung, alternativ mit Bagger. • Untersuchungen des Baugrundes mit Bohrungen und Sondierungen mit ausreichender Tiefe und Anzahl • je nach Bodenverhältnissen Durchführung von Laborversuchen • Erkundung der Grundwasserverhältnisse zum Beispiel durch Anfragen bei den zuständigen Behörden oder durch Baugrunderkundungen • Prüfen von weiteren Schadensursachen, zum Beispiel defekte Kanäle, Erschütterungen durch Verkehr der Baumaßnahmen in der Nachbarschaft.

Nr.	Frage	Antwort
3	a) Was sind bindige Böden? b) Was ist bei Bauarbeiten bzw. auf solchen Böden zu beachten?	a) Bindige Böden sind zum Beispiel Ton oder Schluff. Sie weisen wesentlich kleinere Korngrößen auf als zum Beispiel nicht bindiger Boden (Sand oder Kies). Korngrößen mit einem Durchmesser von 0,063 mm stellen die Grenze von bindigen und nicht bindigen Bodenarten dar. b) Diese Böden sind nur wenig wasserdurchlässig, so dass sich Wasser anstauen kann. Insbesondere bei Grundstücken mit Hanglagen sind dann Dränagen oder hochwertigere Abdichtungen vorzusehen.
4	a) Welche Schäden können bei Aushubarbeiten an der Nachbarbebauung auftreten? b) Welche Gegenmaßnahmen sind möglich? c) Sind Schäden grundsätzlich vermeidbar?	a) Risse durch Senkung der Fundamente b) Abstützung durch Verbau, Unterfangung der Fundamente c) Schäden sind oftmals nicht vermeidbar, aber zu minimieren.
5	Was versteht man unter einer Perimeter-Dämmung?	Eine erdberührte Wärmedämmung außerhalb einer Bauwerksabdichtung.
6	Durch welches Verfahren sind verlässliche Informationen über den Baugrund zu erzielen?	Wirklich verlässliche und vergleichsweise ungestörte Proben über die Zusammensetzung des Baugrundes lassen sich nur mittels Kernbohrungen gewinnen.
7	Was verstehen Sie unter »gespanntem Grundwasser«?	Gespanntes Wasser steht dann an, wenn die Grundwasseroberfläche beim Anbohren nach oben ansteigt, die Druckfläche also höher liegt.

Nr.	Frage	Antwort
8	Welche Korngrößen für die jeweiligen Bodenarten kennen Sie?	Korngrößenbereiche werden gemäß DIN 4022 wie folgt untergliedert:

Kornbenennung	Korngrößenbereich
Blöcke	über 200 mm
Steine	64 bis 200 mm
Grobkies	21 bis 63 mm
Mittelkies	6,4 bis 20 mm
Feinkies	2,1 bis 6,3 mm
Grobsand	0,6 bis 2,0 mm
Mittelsand	0,2 bis 0,6 mm
Feinsand	0,06 bis 0,2 mm
Grobschluff	0,02 bis 0,06 mm
Mittelschluff	0,006 bis 0,02 mm
Feinschluff	0,002 bis 0,006 mm
Tonkorn	unter 0,002 mm

Nr.	Frage	Antwort
9	Woraus setzt sich Lehm zusammen?	Lehm ist ein Gemisch aus Sand und Schluff und kann auch schon einmal Bestandteile von Kies oder Ton beinhalten.

11 Baukonstruktion und Tragwerksplanung

Nr.	Frage	Antwort
1	Erklären Sie folgende Kurzbezeichnungen: a) KHK B 1,6 DF DIN 105 b) B 15 c) PIB-Bahn 1,5 DIN 16935 d) Anhydritbinder AB 125 e) MZ 1,8/150/240 · 115 · 71 DIN 105	a) Keramikhochlochklinker, Lochung B, Rohdichte 1,6 kg/dm³, Dünnformat 240 · 115 · 52 mm, nach DIN 105 b) Beton der Festigkeitsklasse C12/15 (15 N/mm²) c) Kunststoff-Dachbahn aus Polyisobutylen, Nenndicke 1,5 mm d) Anhydritbinder für Estrich, Festigkeitsklasse 20 e) Vollziegel, Rohdichte 1,8 kg/dm³, Druckfestigkeit 15 N/mm² (entspricht heute der Steinfestigkeitsklasse 12), Abmessungen 240 · 115 · 71 mm, nach DIN 105
2	a) Welche Forderungen bestehen beim behindertengerechten Bauen bezüglich Schwellenhöhe bei einer genutzten Terrasse? b) Welche DIN-Vorschriften bzw. Regelwerke widersprechen dieser Forderung	a) Schwellen dürfen gemäß DIN 18025 »Barrierefreie Wohnungen« nicht höher als 2 cm sein. b) Die Flachdachrichtlinien verlangen hier 15 cm bzw. 5 cm, sofern eine Entwässerungsrinne außen vor der Schwelle angeordnet wird.
3	Ein Balken auf 2 Stützen (Länge: L) wird durch eine Einzellast P (in der Balkenmitte = L/2 belastet. Wie groß ist das maximale Biegemoment? Wie groß ist die Querkraft in der Balkenmitte (unter der Last)?	Max. $M = P \cdot L/4$; da die Last sich je zur Hälfte auf die Auflager verteilt, ist die Auflagerkraft am Lager A = P/2. Die Querkraft beträgt bei Einzellast in Feldmitte: $Q = \pm P/2$. Die Querkraft beträgt bei Flächenlast in Feldmitte: $Q = 0$.

Nr.	Frage	Antwort
4	Erläutern Sie kurz und prägnant, eventuell in Stichworten, was Sie aus bautechnischer Sicht unter nachstehenden Begriffen verstehen: a) Konsole b) Träger c) Voute. Berücksichtigen Sie dabei besonders die Gemeinsamkeiten und/oder Unterschiede der einzelnen Begriffe.	a) Eine Konsole ist ein Wand- oder Stützenvorsprung, der zur Auflagerung von Bauteilen (z. B. Träger oder Kranbahnen) dient. Anwendung vor allem im Beton-Fertigteilbau. b) Ein Träger ist ein überwiegend auf Biegung beanspruchtes Bauteil, das in zwei oder mehr Punkten unterstützt ist. Als Kragträger aber auch nur einseitig eingespannt. Unterschieden werden Vollwand- und Fachwerkträger. c) Eine Voute ist eine Stützenkopfverstärkung (Verbreiterung) zur Vergrößerung der wirksamen Balkenhöhe am Auflager. Vouten haben eine schräg verlaufende oder konkav gebogene Form. Anwendung vor allem im Ortbetonbau, aber auch im Stahlbau bei Rahmenecken.

Nr.	Frage	Antwort
5	a) Welche Arten von Spannungen entstehen in einer Stütze? b) Wie verlaufen Druck- und Zugspannungen in einem Träger auf zwei Stützen? c) Wodurch kommt es zur horizontalen Verschiebung infolge Durchbiegung bei einem Träger auf zwei Stützen?	a) z. B. Druckspannungen b) Es entstehen Zug- und Druckspannungslinien, die sich unter 90° kreuzen. Die Druckspannungslinien bilden eine Art Gewölbe, während die Zugspannungslinien (an der Nulllinie gespiegelt) eher einer Kettenlinie gleichen. c) Dies gilt nur solange der Träger statisch bestimmt gelagert ist. Das heißt, ein Lager ist vertikal und horizontal unverschieblich, das andere nur vertikal. Falls nur vertikale Lasten einwirken, treten im Träger keine Kräfte (Spannungen) in Trägerlängsachse auf; er kann sich ungehindert verformen. Infolge Durchbiegung verkürzt sich die neutrale Faser nicht. Über die Trägerhöhe gesehen, verkürzen sich allerdings die Fasern oberhalb der neutralen Faser und die Fasern darunter verlängern sich. Die Dehnungen wachsen proportional zum Abstand von der Nulllinie. Daher »verschiebt« sich der untere Rand des Trägers nach außen (bei Last von oben).
6	Das Hookesche Gesetz beschreibt den Zusammenhang zwischen Spannung und Dehnung. Wie heißt der Proportionalitätsfaktor?	Das Hookesche Gesetz lautet: $$\sigma = \varepsilon \cdot E$$ dabei sind σ = Spannung in N/mm^2 E = Elastizitätsmodul in N/mm^2 ε = spezifische Längenänderung (Proportionalitätsfaktor).
7	Nennen Sie einen Stoff, der schadensfrei eine Dehnung der Größe Eins aufnehmen kann.	Gummielastische Kunststoffe können schadensfrei eine Dehnung der Größe 1 aufnehmen.

Nr.	Frage	Antwort
8	Welche Druckspannung entsteht in einem 4,50 m langen Stahlbetonträger (A = 200 cm²), der um 60 K erwärmt wird, wobei er in seiner Ausdehnung absolut behindert ist? Der E-Modul des Betons kann mit 30 000 N/mm² angenommen werden.	$\alpha_t = 1{,}2 \cdot 10^{-5}$ 1/K $\varepsilon = \alpha_t \cdot T = 1{,}2 \cdot 10^{-5} \cdot 60 = 0{,}00072$ $\sigma = \varepsilon \cdot E = 0{,}00072 \cdot 30\,000 = 21{,}6$ N/mm². Länge 4,5 m $\varepsilon = 1{,}2 \cdot 10^{-5} \cdot 60 \cdot 4{,}5 = 0{,}00324$ $\sigma = 0{,}00324 \cdot 30\,000 = 97{,}2$ N/mm²
9	Was ist Serienfestigkeit, was ist Nennfestigkeit? Nennen Sie ein Beispiel.	Mittlere Druckfestigkeit jeder Würfelserie; Mindestdruckfestigkeit jedes Würfels (auch 5 % Fraktile). Beton (nach alter Norm z. B. B 25) Serienfestigkeit 30 N/mm², Nennfestigkeit 25 N/mm².
10	Sie erhalten mit einem Sanierungsvorschlag für die Abdichtung einer 16 cm dicken Stahlbeton-Balkonplatte auch Vorschläge für die Befestigung der zu erneuernden Geländer. Hierbei soll die Befestigung der Metallgeländerrohre nicht mehr auf der Oberseite, sondern mit Metallspreizdübeln an der Stirn und Unterseite der Balkonplatte erfolgen. Wie beurteilen Sie den Vorschlag hinsichtlich der gewählten Befestigungsart des Geländers?	Der Randabstand eines Dübels und Achsabstände von Dübeln untereinander hängen von der Belastung ab und sind der jeweiligen bauaufsichtlichen Zulassung zu entnehmen. Metallspreizdübel üben Druck auf die Bohrlochränder aus. Das kann zu Abplatzungen der Betonplatte führen. Diese Dübel sind daher nicht für die Befestigung vor Kopf an einer Betonplatte zugelassen. Es empfiehlt sich hier eine Befestigung mit Schwerlastdübel mit Reaktionsharz zu verwenden oder die Befestigung der Balkongeländer auf der Unterseite der Betonplatte herzustellen.

Nr.	Frage	Antwort
11	Welche Technischen Vorschriften nach DIN 18065 Gebäudetreppen sind bei der Bautenkontrolle oder der Abnahme einer geradläufigen notwendigen Treppe zu Aufenthaltsräumen in einem Wohngebäude mit nicht mehr als 2 Wohnungen zu prüfen? Mindestens vier verschiedene wesentliche technische Anforderungen sollen genannt werden.	• Die nutzbare Treppenlaufbreite muss mindestens 100 cm betragen. • Die Geländerhöhe muss mindestens 90 cm (bei Wohngebäuden bis 12 m Absturzhöhe), 100 cm (bei Arbeitsstätten bis 12 mm Absturzhöhe) bzw. 110 cm (für alle Gebäudearten über 12 m Absturzhöhe) betragen. • Treppensteigung maximal 19 cm • Treppenauftritt mindestens 26 cm.
12	Sie werden von einem Wohnungskäufer zur Abnahme einer Eigentumswohnung zugezogen. Der Auftraggeber zeigt sich verärgert über, nach seiner Auffassung, zu große Spalten unter den Türblättern der angeschlagenen Zimmertüren. Sie stellen fest, dass der Bodenabstand der Türblätter in den Zimmern 4 mm, 8 mm und 12 mm beträgt. Wie groß sollte der Bodenabstand sein?	Für den zur Funktion des Türelementes notwendigen unteren Luftspalt (Bodenluft) ist beim Einbau der Zarge Sorge zu tragen. Gegebenenfalls muss die Zarge vor dem Einbau gekürzt oder beim Einbau unterfüttert werden, z. B. bei im Schwenkbereich der Tür nicht ebenen Fußböden. Hier wird oft ein unterer Luftspalt von 7 mm nach DIN 18101 als Maßstab zugrunde gelegt. Es handelt sich aber um das rechnerische Maß einer Herstellnorm, das aus der dortigen Maßfestlegung resultiert und aufgrund zulässiger und notwendiger Herstelltoleranzen deutlich davon abweichen kann. Ein unterer Luftspalt von 7 mm wird bei normalen Wohnraumtüren häufig als zuviel angesehen.

Nr.	Frage	Antwort
13	Bei der Planung, Ausführung und Beurteilung von Treppen sind einige Planungs- und Ausführungsgrundsätze zu berücksichtigen. Erläutern Sie in kurzen Worten einige bei der Beurteilung von Treppen stets wieder auftauchende Fachwörter. Definieren Sie den Begriff »Unterschneidung«. Was ist ein Steigungsverhältnis? Kann es frei festgelegt werden oder gibt es hierzu Planungsempfehlungen?	Die Unterschneidung ist das waagerechte Maß, um das die Vorderkante einer Stufe über die Breite der Trittfläche der darunter liegenden Stufe vorspringt. Das Steigungsverhältnis wird als der Quotient von Treppensteigung zu Treppenauftritt angegeben. Dieser Quotient ist ein Maß für die Neigung der Treppe. Das Verhältnis der Maße zueinander wird in Zentimetern angegeben, z. B. 18/26. Das Steigungsverhältnis ist nach der so genannten Treppenformel festzulegen, wonach die Steigung und der Auftritt maßlich in einem bestimmten Verhältnis ausgeführt werden müssen, damit die Treppe angenehm begehbar ist. Dabei sollten zwei Mal die Steigungshöhe und einmal die Trittlänge addiert ein Maß von 60 bis 65 cm ergeben. Die Steigungen von Wohnhaustreppen liegen zwischen 16 und 20 cm, der Auftritt liegt bei 26 cm. Also: $2 \cdot 18$ cm + 26 cm = 62 cm.
14	Was ist eine Lauflinie? Wo ist sie bei einer gewendelten Treppe vorzusehen, und wie muss ihr Verlauf festgelegt werden?	Bei nutzbaren Treppenlaufbreiten bis 100 cm hat der Gehbereich eine Breite von mindestens 2/10 der nutzbaren Treppenlaufbreite und liegt im Mittelbereich der Treppe. Die Lauflinie liegt wiederum in der Mitte des Gehbereichs.
15	Welche zerstörungsfreien Untersuchungsmethoden kennen Sie zum Baustelleneinsatz für: a) Betonfestigkeit b) Bewehrungslage c) Luftdichtigkeit d) die Lecksuche auf bekiesten Dächern? Nennen Sie je ein Beispiel.	a) Untersuchung mit dem Schmidtschen Hammer (Durckfestigkeit). b) Untersuchung mit elektromagnetischen Spezialmagneten c) Blower-Door-Verfahren, Rauchkerzen d) Abschnittsweises Bewässern mit gegebenenfalls eingefärbtem Wasser, in letzter Zeit hat sich auch die Thermografie auf Infrarotbasis bewährt.

Nr.	Frage	Antwort
16	Warum brechen bei kleinformatigen Isolierglasscheiben die Gläser öfter als bei großformatigen?	Fensterscheiben unterliegen auf Grund thermischer Randbedingungen (Innen-/ Außenklima) und Windlasten starken Verformungszwängen. Hier ist zu beachten, dass insbesondere kleine Scheibenformate mit 30 bis 50 cm Kantenlängen trotz relativ hoher Plattensteifigkeit einer besonders hohen Biegespannung unterliegen, was zu erhöhter Bruchgefahr im Randbereich der Scheiben führt.
17	Definieren Sie den Begriff Elastizitätsmodul. Nennen Sie jeweils ein Beispiel für einen Stoff mit einem hohen und einem geringen Elastizitätsmodul.	Der Elastizitätsmodul ist ein Materialkennwert für das elastische Verhalten eines Baustoffes bei Beanspruchung durch Druck- oder Zug. Der Elastizitätsmodul ist das Verhältnis der Spannung zur Dehnung eine Kenngröße für die Festigkeit eines Baustoffs. Einen hohen Elastizitätsmodul hat Stahl, einen geringen Elastizitätsmodul hat Holz senkrecht zur Faser. Die E-Moduli von Stahl-Beton-Holz verhalten sich etwa wie 21:3:1.
18	Erläutern Sie kurz und prägnant in Stichworten und mit Skizzen, was Sie unter nachstehenden Begriffen verstehen. Berücksichtigen Sie dabei besonders Gemeinsamkeiten und/oder Unterschiede zwischen den Bauteilen. a) Blendrahmenfenster b) Kastenfenster c) Vorsatzfenster d) Verbundfenster	a) Ein Blendrahmenfenster ist ein Einfachfenster, bestehend aus einem Blendrahmen mit oder ohne Flügel. b) Ein Kastenfenster ist ein Doppelfenster aus zwei Einfachfenstern, bestehend aus zwei Blendrahmen, die durch ein Leibungsfutter verbunden sind, und zwei Flügeln mit eigenen Drehachsen. c) Ein Vorsatzfenster ist der äußere Flügel eines Kastenfensters, der nach Bedarf ein- oder ausgehängt werden kann. d) Ein Verbundfenster besteht aus einem Blendrahmen und zwei verbundenen Flügeln mit einer Drehachse.

Nr.	Frage	Antwort
19	a) Was ist eine feuerhemmende Tür (im Sinne der Landesbauordnung)? b) Was ist eine schallhemmende Tür (im Sinne der Landesbauordnung)?	a) Eine feuerhemmende Tür (im Sinne der Landesbauordnung) ist eine Tür der Feuerwiderstandsklasse T 30. Die Tür muss selbstschließend sein und 30 Minuten lang den Durchgang von Feuer verhindern. b) Den Begriff »schallhemmend« gibt es nicht in Landesbauordnungen.
20	In Baubeschreibungen taucht in Verbindung mit Wohneingangstüren oft die Bezeichnung »Sicherheitstürbeschlag« auf. Was ist hierunter üblicherweise zu verstehen und worauf haben Sie in diesen Fällen bei der Beurteilung zu achten?	Ein Schutzbeschlag (Sicherheitstürbeschlag) ist eine einbruchhemmende Türdrückergarnitur und wird nach DIN 18257 in drei Widerstandsklassen (ES 1, ES 2, ES 3) eingeteilt. Ein Schutzbeschlag ist zu kennzeichnen. Der Profilzylinder darf außen nicht mehr als 3 mm überstehen, die Verbindungsmittel zwischen Außen- und Innenschild dürfen von außen nicht sichtbar und nicht lösbar sein.
21	a) Was unterscheidet einen Ringanker von einem Ringbalken? b) Wann und wo sind sie anzuordnen? (mindestens 2 Beispiele) c) Wie sind Ringanker bzw. Ringbalken auszuführen?	a) Ein Ringanker gewährleistet die Stabilität von Wandscheiben und wird auf Zug beansprucht. Ein Ringbalken ersetzt eine fehlende Deckenscheibe und wird sowohl auf Zug als auf Biegung beansprucht. b) Ringanker: Bei Gebäuden mit mehr als 2 Vollgeschossen; bei Gebäuden, die länger als 18 m sind. Anordnung in der Decke oder in der Wand unmittelbar darunter. Ringbalken: Wenn keine Decken mit Scheibenwirkung vorhanden sind; wenn unterhalb der Dachdecke eine Gleitschicht vorhanden ist. Anordnung auf der Wandkrone. c) Ringanker müssen durchgehend um ein ganzes Gebäude herumgeführt werden. Ringbalken müssen durchgehend auf Bauteilen angeordnet sein, in die horizontale Kräfte eingeleitet werden.

Nr.	Frage	Antwort
22	Wie sind nach den heutigen Regeln der Bautechnik Türschwellen an Balkonen oder Terrassen zu planen und auszuführen? (Bitte zwei Alternativen in Stichworten darstellen.)	Nach den Flachdachrichtlinien mit einer Anschlusshöhe von 15 cm über Oberfläche Belag. Bei Anordnung einer Entwässerungsrinne unmittelbar vor der Türschwelle mit einer Anschlusshöhe von mindestens 5 cm.
23	a) In welcher Reihenfolge sind die Arbeiten der beiden folgenden Gewerke auszuführen: • DIN 18350 Innenputzarbeiten • DIN 18353 Estricharbeiten, hier schwimmender Estrich. b) Geben Sie eine technische Begründung, warum die Reihenfolge eingehalten werden soll. c) In welchen technischen Regelwerken finden sich welche Hinweise zur Ausführungsreihenfolge dieser Gewerke?	a) Zuerst Innenputzarbeiten, dann Estricharbeiten b) Ein Estrich auf Dämmschicht darf keine unmittelbare Verbindung zu angrenzenden Bauteilen haben, sondern muss körperschallentkoppelt sein. Darüber hinaus würde die Oberfläche eines Estrichs durch die Innenputzarbeiten stark verschmutzt werden. c) In DIN 18560 »Estriche im Bauwesen«, Teil 2.
24	Erläutern Sie kurz und prägnant in Stichworten und mit Skizzen, was Sie unter nachstehenden Begriffen verstehen. Berücksichtigen Sie dabei besonders die Gemeinsamkeiten und/oder Unterschiede zwischen den Bauteilen. Welchen Lastangriffen sind die Auflager aus Eigenlast des Daches ausgesetzt? a) Hängewerkdach b) Kehlbalkendach (Sparrendach) c) Pfettendach	a) Hängewerkdach: Dachwerk aus Holz, bei dem die Deckenbalken der letzten Geschossdecke über Pfosten am Dach aufgehängt sind. Abtragung der Dachlast über Sparren und Streben auf die Außenwände. b) Kehlbalkendach (Sparrendach): Dachtragwerk aus Holz mit stützenfreiem Dachraum. Abtragung der Dachlast über Sparren auf die Außenwände. Bei Sparrenlängen von mehr als 5 m wird wegen der Durchbiegung jeweils ein horizontaler Kehlbalken zwischen einem Sparrenpaar eingefügt. c) Pfettendach: Dachtragwerk aus Holz, meistens mit Stützen im Dachraum, Abtragung der Dachlast über Sparren auf Pfetten und von dort auf Außen- oder Innenwände.

Nr.	Frage	Antwort
25	Auf Baustellen gelangen verschiedene Spezialgläser zum Einsatz, deren Eignung sich für die Spezialverwendung aus bestimmten Eigenschaften herleitet. Welche drei Hauptgruppen von Sicherheitsgläsern für mechanische Beanspruchungen werden zur Bauverglasung angewendet? Geben Sie eine kurze Charakteristik mit Angaben über die Kennzeichnung.	• Einscheibensicherheitsglas (ESG): Besteht aus einer Glasscheibe. Beim Bruch zerfällt die Scheibe in kleine stumpfkantige Splitter. • Verbundsicherheitsglas (VSG): Besteht aus zwei oder mehr Glasscheiben, die durch Zwischenschichten aus Kunststoff-Folien verklebt sind. Beim Bruch bleiben die Splitter an den Folien haften. • Drahtglas: Besteht aus einer Glasscheibe. Beim Bruch bleiben die Splitter an der Drahteinlage hängen.
26	Nennen Sie eine weitere Fachregel (außer den ATV VOB/C), die für die Planung und Ausführung von Terrassen- und Balkonbelägen von Bedeutung ist: Titel (nur sinngemäß)?	Merkblatt – Bodenbeläge aus Fliesen und Platten außerhalb von Gebäuden vom Fachverband des Deutschen Fliesengewerbes
27	Welche Anforderungen können an das Mauerwerk als Werkbaustoff gestellt werden? (Nennen Sie mindestens 6 Beispiele in Stichworten).	• Wärmeschutz • Schallschutz • Wetterschutz • Brandschutz • Standfestigkeit • Tragfähigkeit

Nr.	Frage	Antwort
28	An einem Stahlbeton-Sandwich-Fassadenelemente an einer Industriehalle stellen Sie Verwölbung (konvex) und Rissbildung in der Außenschale fest. a) Was sind die Ursachen? b) Machen Sie einen Sanierungsvorschlag.	a) • verstärktes Schwinden der außenliegenden Oberseite • Verformung begünstigt durch Schüsselung bereits während des Produktionsprozesses • Mindestdicke 8 cm unterschritten • Temperatur-Gradient in der Wand außen wärmer, als innen (Sommer) b) • Verkleidung der Fassade zum Schutz gegen übermäßiges Aufheizen • ggf. nachträglich Fugen einschneiden, falls Elementlänge größer als unschädliche Länge von 4 – 5 m
29	Ein Gebäude besteht aus einer Wohnhausaußenwand, zweischalig mit hinterlüfteter Wärmedämmung. Die Holzbalken der Decke über EG liegen auf der Innenschale auf und dringen durch bis zur Wärmedämmung. In die Konstruktion dringt Zugluft durch undichte Anschlussfugen. Zu welchen Schäden wird es kommen? Machen Sie einen Sanierungsvorschlag.	Durch die undichten Anschlussfugen wird warme Raumluft in die Konstruktion geleitet, wo sie stark abkühlen wird, was wiederum Tauwasserausfall nach sich zieht. Hierdurch werden die Balkenköpfe durchfeuchtet, was die Gefahr des Befalls durch Holzschädlinge nach sich zieht. Es ist daher zwingend erforderlich, die Konstruktion auf der Innenseite luftdicht abzudichten. Bei Luftdichtigkeit kann Innenraumluft nicht mehr in das Bauteil eindringen. Genaue Anforderungen an die Luftdichtigkeit von Außenbauteilen sind in der DIN 4708-7 formuliert.

Nr.	Frage	Antwort
30	Regelmäßig führen Reklamationen bezüglich Kratzern auf Fensterscheiben zu Streitigkeiten. Nach welchen Kriterien gehen Sie bei der Beurteilung derartiger Fälle vor?	Der Zustand von Fenstern wird getrennt nach dem Erscheinungsbild der Verglasung und nach dem des Rahmenmaterials beurteilt. Hierzu haben der Bundesverband des Glaserhandwerks und andere eine »Richtlinie zur Beurteilung der visuellen Qualität von Isolierglas aus Spiegelglas« herausgegeben. Dabei wird zunächst die Glasfläche in drei Zonen mit jeweils unterschiedlichen Anforderungsprofilen eingeteilt. • Falzzone, 18 mm breiter Scheibenrand, der im Fensterrahmen versteckt liegt. Mit Ausnahme von mechanischen Kantenbeschädigungen sind alle Schäden zulässig. • Randzone (Randbereich, der jeweils 10 % der Breiten- bzw. Höhenmaße tief ist) werden keine strengen Beurteilungsmaßstäbe angesetzt. • Hauptzone, strengste Beurteilungskriterien. Hier müssen lediglich 2 Einschlüsse, Blasen, Punkte, Flecken etc. bei einer Scheibenfläche, die kleiner ist als 1 m², mit einem Durchmesser unter 2 mm, akzeptiert werden.
31	Was sind Fensterwände? Was ist bei der konstruktiven Ausbildung dabei zu berücksichtigen?	Gemäß den Regelungen der DIN 18056 Fensterwände bedürfen Fensterkonstruktionen mit einer Fläche von mindestens 9 m² und einer Seitenlänge von mindestens 2,00 m, die aus einem Tragegerippe (Rahmen, Pfosten, Riegel) mit Füllungen (Verglasungen) bestehen eines statischen Nachweises.
32	Was ist eine Fehlbedienungssperre?	Eine Fehlbedienungssperre soll an Fenstern verhindern, dass die einzelnen Fensterflügel anders als vorgesehen geöffnet oder geschlossen werden.

Nr.	Frage	Antwort
33	Was versteht man unter Kaltverformung und wozu wird sie eingesetzt?	Die Kaltverformung ist eine Form der Stahlvergütung. Hierdurch wird die Oberfläche geglättet, eine hohe Maßgenauigkeit erzielt und dem Stahl eine höhere Festigkeit verliehen. **Beispiel:** Kaltziehen von Draht, etwa für Litzenspanndrähte (oder Klaviersaiten).
34	Auf einer Baustelle sollen Stahlteile eingebaut werden, die später ständig mit Gips in Berührung kommen. Was ist zu beachten?	Gips schützt Stahl nicht vor dem Rosten. Rostfahnen werden sich später auf dem Gips zeigen.

Nr.	Frage	Antwort
35	Worin besteht der Unterschied zwischen einem Mehrscheiben-Isolierglas und einem Mehrscheiben-Schallschutzglas?	Für die Verglasung von Fenstern in Aufenthaltsräumen kommen wegen der erhöhten Anforderungen an den Wärmeschutz heute nur noch Mehrscheiben-Isoliergläser in Frage. Sie bestehen aus 2 oder 3 mit 8 bis 24 mm Abstand (Scheibenzwischenraum SZR) hintereinander liegenden Scheiben, die luftdicht miteinander verbunden sind. Der Scheibenzwischenraum ist mit getrockneter Luft oder mit Edelgasen (Argon, Krypton oder Xenon) gefüllt. Schallschutzgläser unterscheiden sich von Isoliergläsern durch die Füllung zwischen den Scheiben. Bei Schallschutzgläsern ist der Zwischenraum mit Schwergasen (z. B. Schwefelhexafluorid SF6) gefüllt. Weiterhin werden Scheiben mit unterschiedlicher Dicke verwendet, um die Durchleitung von Schwingungen zu reduzieren. Der Randverbund der Isolierglasscheiben besteht aus einem Metallprofil als Abstandhalter, das mit feuchtigkeitsabsorbierenden Stoffen gefüllt sein kann, und einer einschichtigen oder heute meistens zweischichtigen Abdichtung. Die Außenkante wird mit Dichtungsmassen aus Thiokol, Silikon oder Polyurethan geschützt. Wenn die Scheibenkanten vor Licht-, insbesondere UV-Einwirkungen geschützt werden müssen, sind Silikon-Abdichtungen vorzuziehen.

12 Betonbauteile und Weiße Wannen

Nr.	Frage	Antwort
1	In der DIN 1045 wurden die Begriffe Mindestmaß, Nennmaß und Vorhaltemaß für die Betonüberdeckung eingeführt. a) Was bedeuten diese Begriffe? b) Warum wurde die DIN geändert?	a) Mindestens einzuhaltende Betondeckung, Vorhaltemaß um Ungenauigkeiten beim Bauen abzudecken; Nennmaß = Mindestmaß + Vorhaltemaß b) In der Vergangenheit ist es vielfach zu erheblichen Schäden an Betonkonstruktionen gekommen, die auf unzureichende Betonüberdeckung der Bewehrungslagen zurück zu führen ist. Durch Schadstoffeinflüsse (Chloride, saurer Regen etc.) erfolgt eine Carbonatisierung der oberflächennahen Betonschichten, wodurch es in der Folge zu Korrosion der Bewehrungseisen gekommen ist. Diese Problematik betrifft nur im Freien liegende Betonkonstruktionen.
2	Welche Bedeutung hat die Betonüberdeckung in Stahlbetonteilen? Gehen Sie auf die unterschiedlichen Aspekte bei Innen- und Außenbauteilen ein.	• Schutz der Bewehrung vor Korrosion • Sicherung des Verbundes • Brandschutz • Außenbauteile werden durch Regen, Rauchgase, Salze angegriffen, hier ist eine höhere Betondeckung erforderlich. • Bei Innenbauteilen trifft dies nicht zu, die Betondeckung kann hier geringer sein.
3	Kann die Längenänderung von Beton infolge von Temperatureinflüssen und Schwinden vermieden werden?	• Schwinden: Nein, Schwindverformungen können nur bedingt verringert werden (schwindarmer Beton, niedriger w/z-Wert). • Temperatur: Bei großer Wärmeentwicklung in massigen Bauteilen infolge Hydratation (Staumauern, sehr dicke Bodenplatten etc.) durch Einsatz von langsam erhärtenden Zementen oder Kühlung. Bei Temperatur von außen (Sonne) durch Dämmung.

Nr.	Frage	Antwort
4	In welchen Abständen sollten Fugen bei wärmegeschützten, massiven Dachdecken angelegt werden?	• Warmdach ca. 4–6 m • Kaltdach ca. 10–15 m
5	Wo sind größere Schwinderscheinungen pro Längeneinheit zu erwarten, bei Beton oder bei Putz?	Schwindvorgänge sind unter anderem von der Dicke der Bauteile abhängig. Dabei ist mit folgenden Schwindmaßen zu rechnen: dicke Bauteile (d ≥ 400 mm) 0,2–0,5 mm/m dünne Bauteile 0,3–0,6 mm/m.
6	Wie beeinflusst der Wasserzementwert die Eigenschaften des Betons? Nennen Sie mindestens drei Beispiele.	• Dichtigkeit (Wasserundurchlässigkeit) • Festigkeit • Schwinden (Risse)
7	Wo liegen die Grenzen für den w/z-Wert eines frostbeständigen Betons?	• w/z = 0,5 bei Expositionsklasse XF3 • (mit LP-Bildner auch bei 0,55) • w/z = 0,6 bei Expositionsklasse XF1

Nr.	Frage	Antwort
8	Wie wirken Öle und Fette auf Beton?	Auflockernd, lösend durch Reaktion der Fettsäuren mit Ca-Salzen zu weichen, fettsauren Salzen (Kalkseifen). Erdöl: Soweit säurefrei, nicht schädigend. Alle Öle mit geringer Viskosität dringen in Beton ein und wirken festigkeitsmindernd.
9	Die angestrebten Güteeigenschaften des Betons lassen sich nur durch eine geeignete und ausreichend lange »Nachbehandlung« des Betons erzielen. a) Was versteht man unter der »Nachbehandlung« eines frisch hergestellten Betonbauteils und was soll sie bezwecken? b) Nennen Sie mindestens 4 Möglichkeiten der Nachbehandlung. c) Von welchen Einflüssen hängt die Nachbehandlungsdauer ab? (Nennen Sie mindestens 4 unterschiedliche Einflüsse). d) Welche negativen Folgen kann eine unzureichende Nachbehandlung für das Betonbauteil haben? (Nennen Sie mindestens 4 Folgen).	a) Schutzmaßnahmen gegen das vorzeitige Austrocknen der oberflächennahen Betonschichten, um deren ausreichende Erhärtung sicherzustellen. b) • Belassen in der Schalung • Kontinuierliches Besprühen mit Wasser • Aufbringen wasserhaltiger Abdeckungen • Aufbringen eine Kunststoffbahn c) • Temperatur • Sonneneinstrahlung • Luftfeuchtigkeit • Windbewegung d) • geringere Festigkeit der Oberfläche • Schwindrisse in der Oberfläche • Absanden der Oberfläche • größere Wasserdurchlässigkeit

Nr.	Frage	Antwort
10	Die Unterseite der Decke über einer Tiefgarage war nach Leistungsverzeichnis in B 25 Oberfläche in Sichtbetonqualität herzustellen. Ein Verputz war nicht vorzusehen, ein Anstrich nicht erfolgt. Bei der Abnahme wurden folgende Oberflächenausführungen festgestellt und beanstandet: großflächige Betonnester mit Hohlräumen bis zu ca. 2 cm Tiefe. In den Betonnestern sind die Stahleinlagen sichtbar. Die Unterkante der Bewehrung liegt dort etwa 10 mm über Unterkante Decke. Der Unternehmer schlägt vor, statt Nachbesserungen eine Wertminderung zu vereinbaren. Sie sollen als Gutachter den Sachverhalt beurteilen und Empfehlungen zum weiteren Vorgehen geben (Zahlenangaben nicht erforderlich, nur Beschreibung der Vorgehensweise).	Maßgebliche technische Regeln für den Einbau der Bewehrung sind DIN 1045 »Beton und Stahlbeton« und DIN 4102 »Brandverhalten von Baustoffen und Bauteilen«. Im Bereich der freiliegenden Bewehrung ist der erforderliche Korrosionsschutz und der Brandschutz der Decke nicht gegeben. Wegen der sicherheitsrelevanten Bedeutung des Mangels kommt keine Minderung, sondern nur eine Nachbesserung in Betracht. Weiteres Vorgehen: • Feststellen der erforderlichen Betondeckung in den Bewehrungszeichnungen der Tragwerksplanung. • Verspachteln der Betonnester mit Reparaturmörtel • Verstärken der gesamten Deckenfläche durch einen nachträglichen Putzauftrag. Dies ist möglich, weil die Überdeckung von 10 mm dem Mindestwert der Feuerwiderstandsklasse F30 entspricht. Die Dicke des Putzauftrages hängt vom erforderlichen Feuerwiderstand der Decke ab und ist nach DIN 4102 zu bemessen.
11	Welcher Vorgang reduziert den Korrosionsschutz von Stahl in Beton?	Die Carbonatisierung des Zementsteins im Beton, hervorgerufen durch CO_2-Aufnahme, wodurch der pH-Wert des Betons herabgesetzt wird.

Nr.	Frage	Antwort
12	Stahlbeton-Rohdecken trocknen über einen Zeitraum von mehreren Jahren aus. Die Austrocknung ist noch nicht abgeschlossen, wenn der Estrich und der Fußboden eingebaut werden bzw. wenn mit der Nutzung der Räume begonnen wird. a) Unter welchen Umständen sind Maßnahmen zur Vermeidung von Feuchteschäden erforderlich? b) Worin können diese Maßnahmen bestehen?	a) Wenn der Estrich durch dampfdichte Beläge (PVC, Fliesen) praktisch versiegelt wird. b) Folien zwischen Estrich und Beton.
13	a) Was ist Spannbeton? b) Welche Vorteile bringt die Verwendung von Spannbeton gegenüber der Verwendung von Stahlbeton?	a) Beton, der mit hochelastischen, hochfesten Spannkabeln, oder -Litzen durch Vorspannen dieser Stähle unter Druckspannungen gesetzt wird. Früher wurde (hauptsächlich in Deutschland) die so genannte »volle Vorspannung« eingesetzt. Zugspannungen im Beton sollten bei der vollen Vorspannung vollständig ausgeschlossen werden. Das war wenig praktikabel, unwirtschaftlich und zum Teil auch gar nicht realisierbar. Heute ist nur noch die so genannte »teilweise Vorspannung« üblich. Gewisse Zugspannungen im Gebrauchszustand werden dabei zugelassen. b) • höhere Ausnutzung der Baustoffe • vor allem im Brückenbau größere Spannweiten möglich • geringere Durchbiegung • schlankere Bauteile • Materialersparnis • geringere Rissbreiten (Behälterbau)

Nr.	Frage	Antwort
14	Was versteht man beim Stahlbeton-bau unter Q- bzw. R-Matten?	Q-Matten und R-Matten sind rechteckige Stahlmatten zur Bewehrung des Betons und bestehen aus verschweißten Längs- und Querstäben. Bei Q-Matten bilden Längs- und Querstäbe quadratische, bei R-Matten rechteckige Felder. Die Stahlfläche ist bei Q-Matten in beiden Richtungen identisch. Bei den R-Matten beträgt die Bewehrung in Verteilerrichtung nur 20 % der Stahlfläche der Tragrichtung. Das hängt mit der Querdehnzahl des Betons zusammen $\mu = 0,2$.
15	Was sind BV- und LP-Zusatzstoffe? a) Wie wirken sie? b) Welche Effekte kann man mit diesen Stoffen erreichen? (Nennen Sie hierzu je 3 Beispiele)	Beides sind Zusatzstoffe für Beton, BV steht für Betonverflüssiger, LP bedeutet Luftporenbildner. a) • BV: Vermindern die Oberflächen-spannung des Anmachwassers. • LP: Erzeugen Luftbläschen (Luftporen) im Beton. b) • BV: Verbessern die Verarbeitbarkeit des Betons bei gleichem Wasser-gehalt, ermöglichen eine Verminderung der Wasserzugabe bei gleicher Güte und bewirken eine Erstarrungs-verzögerung. • LP: Luftporen erhöhen den Widerstand gegen Frost- und Tausalzangriffe, verbessern die Verarbeitbarkeit des Betons und ermöglichen eine Verminderung der Wasserzugabe.
16	Welche Anforderungen muss die Oberflächenqualität von Beton erfüllen, wenn im Leistungsver-zeichnis festgelegt ist »Oberfläche Sichtbeton«?	Sichtbeton ist definiert als Beton, dessen Ansichtsflächen gestalterische Funktionen erfüllen, und ein vorausbestimmtes Aussehen besitzen.

Nr.	Frage	Antwort
17	Was versteht man unter osmotischen Blasen und wie entstehen sie?	Auf beschichteten Betonen können Blasenbildungen auftreten und zwar zwischen dem dichten Untergrund (Beton) und der Beschichtung. Die Blasen sind mit Wasser gefüllt. Das bedeutet, dass Wasser durch die Beschichtung diffundiert und einen Druck (osmotischer Druck) aufbaut. Beschichtungen können dann osmotische Blasen bilden, wenn folgende Bedingungen gegeben sind: • Vorhandensein einer wasserlöslichen Substanz entweder in der Beschichtung bzw. in der Grenzfläche zu einem undurchlässigen Untergrund. • Die Blasenwände müssen druckdich sein, so dass der zur Ausbildung des Blasenhohlraums notwendige Druck überhaupt entstehen kann. • Die Blasenwände müssen das Durchdiffundieren von Wassermolekülen ermöglichen aber keine oder nur eine wesentlich geringere Diffusionsfähigkeit gegenüber den Molekülen des löslichen Stoffes besitzen. • Außerhalb der Beschichtung müssen Wassermoleküle mit einer relativ hohen Aktivität zugegen sein.

13 Mauerwerksbau und Fassaden

Nr.	Frage	Antwort
1	Welche Anforderungen können an das Mauerwerk als Wandbaustoff gestellt werden? (Nennen Sie mindestens 6 Beispiele in Stichworten).	• statische Funktion (Lastabtrag, Aussteifung) • Wärmeschutz • Schallschutz • Brandschutz • Raumabschluss • Ästhetik
2	Wie unterscheiden sich Kalksandstein-Vormauersteine (KSVM) von Kalksandsteinverblendern (KSVB) gemäß DIN 106?	• KSVM: KS-Steine mit Mindestdruckfestigkeitsklasse 12. Nachweis der Frostwiderstandsfähigkeit ist erbracht. • KSVB: KS-Steine mit Mindestdruckfestigkeitsklasse ≥ 20. Höhere Anforderungen hinsichtlich Maßhaltigkeit, Kantenschärfe und Frostwiderstandsfähigkeit
3	Was ist der Unterschied zwischen plastischen und elastischen Verfugmassen?	• plastische Verfugmassen (Plaste, Thermoplaste) sind bei Raumtemperatur zähhart (kein Rückstellvermögen, Kaugummieffekt) • elastische Verfugmassen (Elaste, Elastomere) sind elastisch (hohes Rückstellvermögen), ähnlich wie Naturweichgummi
4	Beschreiben Sie den Aufbau einer elastisch auszubildenden Dehnfuge im Außenbereich.	• Die Fuge selber ist mit einer Mineralfasermatte auszufüllen. • Die Fugenkanten sind mit Eckschutzprofilen auszubilden. • Der Fugengrund ist mit einem imprägnierten Kompriband zu hinterlegen. • Die Fuge selber ist dann mit einer elastischen Fugenmasse auszuspritzen, wobei auf eine Zweiflankenhaftung zu achten ist.

Nr.	Frage	Antwort
5	Die Fassaden von Gebäuden werden in großem Umfang mit Wärme-dämm-Verbundsystemen bekleidet. Hierbei werden vielfach typische Schäden beobachtet. Erklären Sie bitte die Ursachen nachstehend beschriebener Sachverhalte: a) Bei Öffnungen in der Fassade (Fenster, Türen usw.) sind viel-fach Risse in Fortsetzung der Öffnungskanten (Leibungen) anzutreffen. b) Ausgehend von den Öffnungs-ecken treten oft Diagonalrisse auf.	a) In Fortsetzung der Leibungskanten verlaufen Dämmplattenstöße. Die Ecken von Öffnungen sind durch Ausschnitte in ganzen Platten herzustellen. b) In den Ecken fehlen diagonal verlegte zusätzliche Gewebearmierungen. Es kommt zu Kerbrissen auf Grund des ver-stärkten Krafteintrags im Eckbereich.
6	Zuweilen kommt es zu Meinungs-verschiedenheiten zwischen Auftrag-gebern und Auftragnehmern über die Ausführung von Mauerwerk aus großformatigen wärmedämmenden Ziegelsteinen (z. B. Fabrikat PORO-TON, THERMOPOR, UNIPOR o. a.). An Sie als Sachverständigen werden folgende Fragen gestellt: a) Wie groß muss das Überbindemaß der Steine (Versatz zwischen den Stoßfugen übereinander liegender Schichten) bei einer Steinhöhe von 23,8 cm mindestens sein? b) Sind bei so genannten Zahn-steinen (Steine mit gezahnten Stoßfugen) unvermörtelte Fugen bis 7 mm Breite zulässig? c) Im Mauerverband ist es manchmal erforderlich, dass Steine geteilt oder abgelängt werden müssen, z. B. an Mauerenden, Leibungen, Einbindungen. Auf welche Weise sind dort die Steine handwerks-gerecht zu teilen?	a) Das Überbindemaß muss immer $0,4 \cdot h$ (h = Steinhöhe) bzw. mindestens 45 mm betragen, hier also 9,5 cm. b) Unvermörtelte Fugen sind nur bis 5 mm zulässig. c) Durch Schneiden oder Sägen.

Nr.	Frage	Antwort
7	Im Zuge von Gebäudeabnahmen und technischer Baubegleitung hat der Sachverständige für Schäden an Gebäuden vielfach die Ausführung von Wärmedämm-Verbundsystemen zu beurteilen. Nennen Sie mindestens 4 häufig festzustellende Ausführungsfehler und nennen Sie die Folgen in Stichworten.	• Kreuzfugen → Risse • Stoßfugen in Öffnungen → Risse • fehlende Armierung in einspringenden Ecken → Risse • falscher Einbau der Armierung, Armierung liegt nicht im oberen (äußeren) Drittel des Unterputzes → Verwölbungen
8	a) Sind Schutzmaßnahmen vor Tagwasser bei Mauerarbeiten in einem Leistungsverzeichnis besonders zu vereinbaren? b) Nennen Sie mindestens vier bauliche Gegebenheiten, bei denen der Schutz des Mauerwerks in besonderem Maße erforderlich und in Stichworten eine geeignete Vorkehrung.	a) Nein, Sichern der Arbeiten gegen Niederschlagswasser ist eine Nebenleistung die zur vertragsgemäßen Leistung gehört, (DIN 18299, Ausgabe 2000-12, (ATV) Allg. Regeln für Bauarbeiten jeder Art, Abschnitt 4.1.10). b) • Schutz des Materials vor Regen und Frost • Schutz des frischen Mauerwerks vor Regen und Frost durch Abdecken • Folienabdeckung bei Arbeitsunterbrechung • Ableiten von Regenwasser in der Rohbauphase.
9	Warum sind Kalkbeimengungen in Form größerer Stücke in der Ziegelrohmasse unerwünscht?	Nach dem Brennen entsteht Branntkalk, der bei Durchfeuchtung des Ziegels ablöscht und damit eine Sprengwirkung auslöst, die zur Zerstörung des Ziegels führen kann (Kalkspatzen).
10	Beschreiben Sie den Herstellungsprozess von Kalksandsteinen in Stichworten.	• Ungelöschter Kalk wird mit Quarzsand und Wasser in Trommeln gelöscht. • Die Mischung wird zu Voll- und Lochsteinen geformt. • Die Rohlinge werden in Autoklaven bei ca. 180–190 °C unter Druck (6–8 bar) gehärtet (hydrothermale Härtung).

Nr.	Frage	Antwort
11	Wie werden Klinker hergestellt?	Klinker werden im Unterschied zu Ziegeln bei höherer Temperatur gebrannt. Bei ca. 1 400 °C beginnen sie an der Oberfläche zu schmelzen (sintern). Die Oberfläche verglast und weist eine höhere Dichte auf. Daraus resultieren ihre guten Eigenschaften als Wetterschale.
12	Ist eine unverputzte Wand aus Kalksandsteinen (KSV) luftdicht?	Nein, eine unverputzte Wand ist weder dampf- noch luftdicht, dazu muss sie mindestens einseitig verputzt werden. Die Schwachstellen liegen insbesondere im Bereich der Steinstöße.
13	Mörtel werden aus Zuschlagstoffen (i. d. R. Sand) und Bindemittel angerührt. Was bedeutet ein Zuviel an Bindemittel und was ein Zuwenig?	Zuviel Bindemittel lässt die Mörtel stärker schwinden und führt zu feinen Rissen. Zuwenig Bindemittel führt zu Absanden.
14	Auf einer Baustelle sollen Stahlteile eingebaut werden, die später ständig mit Gips in Berührung kommen. Was ist zu beachten?	Gips schützt Stahl nicht vor dem Rosten. Rostfahnen werden sich später auf dem Gips zeigen.

14 Risse

Nr.	Frage	Antwort
1	Beschreiben Sie die Schadensbilder auf Grund einer Sattellage und einer Muldenlage. Wie unterscheiden sich die Rissbilder?	• Sattellage: In Gebäudemitte mehr oben vertikale Risse, an den Seiten Schrägrisse von unten nach oben in Richtung Außenseite ansteigend. Risse zeigen von unten nach oben gesehen in Richtung der Setzung. Die Risse sind meist oben breiter als unten. • Muldenlage: In Gebäudemitte vertikale Risse unten an den Wänden beginnend, an den Seiten Schrägrisse von oben nach unten in Richtung Außenseite fallend. Risse zeigen von unten nach oben gesehen in Richtung der Setzung. Die Risse sind meist unten breiter als oben.
2	Was versteht man unter Haarrissen?	Als Haarrisse bezeichnet man Risse, die eine Breite von 0,2 mm nicht übersteigen.
3	Welche Rissbreiten sind bei Stahlbetonbauteilen zulässig? a) Sichtbetonflächen b) Tiefgaragen als Weiße Wanne errichtet c) Betondecken im Geschosswohnungsbau	Folgende Rissbreiten sind zulässig und gelten nicht als Mangel: a) Sichtbeton bis 0,1 mm b) Weiße Wanne bis 0,15 mm (gemäß DIN 1045 alt), da hier mit Selbstheilung der Risse gerechnet werden kann. c) Betondecken, gemäß DIN 1045-1 in Abhängigkeit von der Expositionsklasse in der Regel 0,3–0,4 mm.

Nr.	Frage	Antwort
4	Beschreiben Sie mindestens 5 verschiedene Rissbilder an Mauerwerksbauten mit Stahlbetonmassivdecken, welche häufig auftreten, und erläutern Sie die Ursachen (Beschreibung in Stichworten jeweils mit Skizze).	• Von einer Außenwand schräg nach innen ansteigende Diagonalrisse, wenn sich das Innenmauerwerk durch größeres Schwinden mehr verkürzt als das Außenmauerwerk. • Horizontale Risse in einer Außenwand, vor allem im Bereich von Öffnungen, wenn sich das Außenmauerwerk durch größeres Schwinden mehr verkürzt als das Innenmauerwerk. • Horizontalrisse in der oberen Wandhälfte einer Außenwand, wenn sich die Stahlbetondecke durch größeres Schwinden mehr verkürzt als das Außenmauerwerk. Meistens im obersten Geschoss eines Gebäudes wegen geringerer Auflast auf der obersten Decke. • Schräg nach innen ansteigende Diagonalrisse in einer nichttragenden Innenwand, wenn sich die Stahlbetondecke durchbiegt. • Schräg nach außen ansteigende Diagonalrisse in einer längeren Außenwand, wenn sich die letzte Geschossdecke durch Temperatureinfluss stärker verkürzt als die vorletzte Decke.
5	Was versteht man unter Sackrissen?	Bereichsweises Absacken des frischen Putzmörtels infolge Eigengewichtes wegen • zu großer Auftragsdicke • zu weicher Konsistenz des Putzmörtels • zu langsamen Ansteifens • zu langem, intensiven Verreiben.

Nr.	Frage	Antwort
6	Sind Außenputze immer mindestens zweilagig herzustellen?	Außenputze können einlagig und zweilagig hergestellt werden. Die DIN 18550 (alt) »Putz« bestimmt, dass einlagige Werktrockenmörtel ca. 15 mm dick und zweilagige Putze ca. 20 mm dick hergestellt werden müssen.
7	Warum sind Kriechvorgänge bei mehrschaligem Mauerwerk oftmals Ursache für Rissbildungen?	Unter Kriechen versteht man die Komprimierung von Baustoffen auf Grund der auf ihnen ruhenden Lasten. Die betreffenden Eigenschaften sind von Baustoff zu Baustoff unterschiedlich. Ebenso werden die einzelnen Wandscheiben unterschiedlich belastet. Dies führt zu unterschiedlichen Kriechvorgängen der einzelnen Wandscheiben. Das Verblendmauerwerk ist jedoch über Mauerwerksanker mit der tragenden Wand nahezu starr verbunden. Dadurch entstehen Spannungen, die dann zu Rissen führen.
8	Eine Betondecke auf einer Garage reißt im Auflagerbereich auf dem tragenden Mauerwerk ab. Beschreiben Sie die Rissursache.	Betondecke und Wandmauerwerk weisen unterschiedliche Wärmeausdehnungskoeffizienten auf und unterliegen einer unterschiedlichen Aufheizung durch Sonneneinstrahlung. Das ist insbesondere immer dann der Fall, wenn die Stahlbetondecke ohne Wärmedämmung hergestellt wurde. So kommt es zu unterschiedlichen thermischen Dehn- und Schrumpfprozessen von Decke und Wänden, was im Stoßbereich zu einem waagerechten Riss führt. Da es sich hierbei um immer wiederkehrende Phänomene handelt ist der Riss nicht sanierbar und sollte mit einer Attika überdeckt werden.

Nr.	Frage	Antwort
9	Bei einem Gebäude mit gemauerten Außenwänden und mineralischem Außenputz zeigen sich über den Fenstern Risse im Bereich der Rollladenkästen. Die Rollladenkästen besitzen eine außenseitige Schürze aus Holzwolle-Leichtbauplatten mit unterer Putzabschlussschiene aus einem Aluminium-Profil. Sie sollen die Rissbildung gutachterlich beurteilen. Welche Überprüfungen nehmen Sie an Ort und Stelle vor?	• Feststellung der Rissbreiten und Lage der Rissufer zueinander • Feststellung der Putzdicke • Feststellung der Risstiefen: Befinden sich die Risse in der Putzoberfläche (putzbedingt) oder gehen die Risse durch alle Putzlagen bis auf den Putzuntergrund (putzgrundbedingt)? • Befindet sich eine geeignete Putzbewehrung auf den Holzwolle-Leichtbauplatten, die im Anschluss an das Mauerwerk ausreichend überlappt ist? • Ist die Putzabschlussschiene im Auflagerbereich ausgeklinkt?
10	Nennen Sie übliche Klassifizierungen von Rissen hinsichtlich ihrer Breite.	• Feiner Haarriss: ein gerade noch sichtbarer Riss • Haarriss: haarfeiner Riss, mit einer Breite bis 0,2 mm • feiner Riss: Rissbreite zwischen »Haarriss« und »mittleren Riss« • mittlerer Riss: Riss, der deutlich als Mangel hervortritt mit einer Breite bis ca. 0,5 mm • stärkere Rissbildungen werden üblicherweise mit einer geschätzten oder gemessenen Maßangabe in mm benannt.

Nr.	Frage	Antwort
11	Nennen Sie typischen Beschreibungen über Art und Form von Rissen.	• Riss mit (leicht/stark/… mm) versetzten Rissrändern • Riss mit ausbrechendem Rissrand • Riss mit Versatz im Rissrand (Aufstauchung) • Riss mit abgetrepptem Verlauf • Riss mit diagonalem/waagerechtem/senkrechtem Verlauf • Riss mit netzartigem Verlauf (meist Haarrisse) • Riss mit einem den Mörtelfugen des Mauerwerkverbandes folgendem Verlauf.
12	Welche Ursachen der Rissbildung sind zu unterscheiden?	Einmalige Ursache: • Setzungen (Baugrundverformung) • Bauteilverformungen • Schwindvorgänge • Kriechvorgänge Ständig wiederkehrende Ursache: • Klimatische Vorgänge (Temperaturschwankungen) • Erschütterungen

15 Estriche und Bodenbeläge

Nr.	Frage	Antwort
1	Aus welchem Grunde löst sich ein eingebauter PVC-Belag als Platten-ware auf einem überdachten Innen-hof von dem eingebauten Asphalt-estrich auf Weichfaserplatte ab? Der Innenhof ist mit Wärme-schutzverglasung überdacht und unterliegt zeitweise einer extremen Sonnenbelastung. Etwaige Schutz-maßnahmen liegen nicht vor.	Es findet eine extreme Aufheizung statt. Durch die unterschiedlichen Wärmeaus-dehnungs-Koeffizienten kommt es zu Scherspannungen in der Verklebungs-ebene. Durch die Wechselwirkungen der Aufheizung und Abkühlung werden die Kleber überbeansprucht.
2	Welche Arten von Fugen unterscheidet man bei Beton-fußböden im Industriebau, um Risse zu vermeiden? Erläutern Sie diese gegebenenfalls mit Skizzen.	• Scheinfugen: etwa 1/3 der Plattendicke; vorgegebene Schwindrisse • Pressfugen: durchgehend; Arbeitsfugen bei Betonierabschnitten • Randfugen (Dehnfugen): durchgehend; zur Trennung von Bauteilen • Bewegungsfugen als Bauteilfugen
3	Nennen Sie mindestens vier typische und relativ häufig auftretende Schadensformen bei Estrichen und erklären Sie die Schadensursachen in Stichworten.	• Risse, wegen ungenügender Fugen-ausbildungen • Aufschlüsselung wegen ungleichmäßi-gem Schwinden durch zu schnelles Aus-trocknen der oberen Schicht • Absanden der Oberfläche wegen zu geringer Festigkeit durch zu schnelles Austrocknen • Absenkung wegen Dickenverlust der Dämmschicht nach Feuchteschaden
4	Nach welchem Gesichtspunkt sind Gussasphaltestriche in Klassen eingeteilt? In welcher DIN-Norm ist dieses festgelegt?	Die DIN 18560 unterscheidet Gussasphalt-estriche nach ihrer Dicke und nach der Här-te (Eindringtiefe).

Nr.	Frage	Antwort
5	Die Anschlussfuge eines gefliesten Bodens und einer gefliesten Wand weist einen Abriss des elastischen Fugendichtstoffs auf. Der Schaden hat sich ca. 2 Jahre nach der Fertigstellung eingestellt. Der Untergrund des Fliesenbelags besteht aus einem schwimmenden Zementestrich. Erläutern Sie die Schadensursache und Möglichkeiten der Vermeidung.	Der Abriss des elastischen Fugendichtstoffs wurde verursacht durch eine Estrichverwölbung, die immer dann entsteht, wenn der noch nicht komplett ausgetrocknete Zementestrich mit Fliesen belegt wird. Dann findet nur noch eine Abtrocknung auf der Unterseite statt. Damit erfolgt eine unterseitige Volumenverminderung einhergehend mit Spannungen, die den Estrich wölben. Diese Verwölbung führt dazu, dass das gesamte Gewicht des Estrichs und der Einrichtung primär auf dem Randbereich aufliegt. Das führt zu einer erhöhten Kompression der Trittschalldämmung und an den Rändern, die sich dadurch absenken, was letztlich zum Abriss der Verfugung führt. Zur Vermeidung dieser Schadensursache ist es wichtig, möglichst lange mit der Verlegung des Fliesenbelags zu warten.
6	Was verstehen Sie unter dem Begriff der Aufschüsselung?	Der frisch eingebaute Zementestrich trocknet zunächst nur auf der Oberfläche aus. Dadurch kommt es zu einer Volumenreduzierung auf der Estrichoberseite, was zu einer konkaven Verformung bzw. Aufschüsselung führt.

Nr.	Frage	Antwort

7 Wasserschaden in einer Einliegerwohnung; Sachverhalt:
In der Einliegerwohnung im Unter-
geschoss eines Einfamilienhauses
(Baujahr 1991) ist während der
Abwesenheit der Mieterin der
Frischwasserschlauch der Geschirr-
spülmaschine geplatzt und dabei
ist Leitungswasser ausgetreten
und hat sich über die Böden in der
Küche, im Flur und im Wohnzim-
mer verteilt, angeblich bis 1 cm
hoch. Sie werden einen Tag nach
dem Schadensfall vom Versicherer
(der Leitungswasser-Versicherung)
beauftragt, eine Beweissicherung
vorzunehmen und Vorschläge zur
Sanierung zu machen.
Zur Zeit Ihrer Besichtigung ist das
Wasser von den Böden schon ent-
fernt. Der Teppichbelag im Wohn-
zimmer hat sich aufgewellt und
teilweise abgelöst, an den Böden
mit Keramikbelag im Flur und in
der Küche sind durch Augenschein
bisher keine Schäden sichtbar, auch
nicht an den tapezierten Wandflächen und an den Türzargen.
Nach der Baubeschreibung und den
Angaben der Beteiligten besteht
der Bodenaufbau der gegen Erdreich
angrenzenden Böden aus Stahlbe-
tonplatte auf Kiesschicht, Abdich-
tung aus einer Bitumenschweiß-
bahn, Mineralfaserdämmschicht und
Zementestrich ZE 20, Bodenbeläge
wie erwähnt.
a) Welche Prüfungen nehmen Sie
   vor?
b) Je nach Prüfergebnis: welche So-
   fortmaßnahmen oder Sanierungs-
   maßnahmen schlagen Sie vor?
   (Beschreibung der Maßnahmen
   und Begründung in Stichworten).

a)
- Bodenflächen: Feuchtigkeitsmes-
  sung der Dämmschicht unter den
  Estrichen in allen Räumen mit einem
  Leitfähigkeitsmessgerät. Entweder
  in den Randfugen des Estrichs oder
  durch kleine Bohrungen in Fliesen-
  fugen.
- Wandflächen: Feuchtigkeitsmessungen
  in den Sockelbereichen der Wandflächen zur Feststellung aufsteigender
  Feuchtigkeit.

b)
- bei Feststellung von Feuchtigkeit:
  Trocknungsmaßnahmen durch Ein-
  blasen trockener Luft. Ausführung
  durch eine spezialisierte Firma.
- bei Feststellung von Feuchtigkeit:
  Entfernen der Tapeten an betroffe-
  nen Flächen und Entfeuchtung durch
  Kondensattrockner. Ausführung durch
  spezialisierte Firma.

Nr.	Frage	Antwort
8	Gegen welche Untergrundeigenschaften muss der Bodenleger vor Beginn seiner Arbeiten gegebenenfalls Bedenken anmelden? Nennen Sie mindestens 5 Kriterien.	Insbesondere sind durch den Auftragnehmer für Bodenbelagarbeiten bei folgenden Untergrundeigenschaften Bedenken geltend zu machen: • größere Unebenheiten • Risse im Untergrund • nicht genügend trockener Untergrund • unzureichende Oberflächenfestigkeit • zu raue und poröse Oberfläche • gefordertes kraftschlüssiges Schließen von Bewegungsfugen im Untergrund • verunreinigte Oberfläche des Untergrunds • ungeeignete Temperatur des Untergrunds • ungeeignete raumklimatische Bedingungen (Luftfeuchtigkeit, Lufttemperatur) • unrichtige Höhenlage angrenzender Bauwerksteile • nicht vorhandenes Aufheizprotokoll bei beheizten Fußbodenkonstruktionen.
9	Welche Prüfmethode ist die entscheidende Methode zum Nachweis der Feuchtigkeit von mineralischen Estrichkonstruktionen, die der Auftragnehmer für Bodenbelagarbeiten anzuwenden und nachzuweisen hat?	CM-Methode
10	Was bedeutet nach alter Nomenklatur die Abkürzung AE?	Anhydritestrich
11	Was bedeutet nach neuer Nomenklatur die Abkürzung SR?	Synthetic Resin Screed
12	Bei welcher Fußbodenkonstruktion erübrigt sich der Nachweis der Feuchtigkeitsprüfung vor der Verlegung von Bodenbelägen?	Gussasphaltestrich

Nr.	Frage	Antwort
13	Was verstehen Sie unter einem Gitterschnitt?	Das Gitterschnittverfahren wird zur Beurteilung des Haftvermögens von Beschichtungen angewandt. Dabei werden die Kreuzschnitte / die Gitterschnitte in Abhängigkeit der zu erwartenden Schichtdicke des Anstrich-/Beschichtungssystems (60 μm – 120 μm) in Abständen von 2 mm bzw. bei Schichtdicken > 120 μm in Abständen von 3 mm ausgeführt. Durch das Einschneiden (»Gitterschnitt«) werden in der Folge Scherkräfte in das Anstrichsystem / die Beschichtung wirksam eingeleitet, welche je nach Haftvermögen der applizierten Werkstoffe/Materialien zum jeweiligen Untergrund zu einer Beeinflussung des Anstrichsystems / der Beschichtung beitragen können, wodurch eventuell das Abplatzen bzw. Ausbrechen des Anstrichsystems / der Beschichtung – insbesondere im Kreuzungsbereich der Gitterschnitte – herbeigeführt werden kann. Das Haftvermögen des Anstrich-/Beschichtungssystems wird anschließend entsprechend den in der o. g. Norm definierten Gitterschnittkennwerten beurteilt.
14	Wann darf der Randstreifen bzw. Stellstreifen in der Raumfuge abgeschnitten werden und von welchem Gewerk ist dies vorzunehmen?	Bodenleger nach Abschluss der Bodenbelagarbeiten
15	Was verstehen Sie unter Massenkonstanz?	Wird eine Estrichprobe zu Prüfzwecken getrocknet, was bei einer Temperatur von 105 °C ± 2 °C zu erfolgen hat, so gilt die Massenkonstanz als erreicht, wenn zwei aufeinander folgende, im Abstand von 24 Stunden durchgeführte Wägungen um nicht mehr als 0,1 % voneinander abweichen.

Nr.	Frage	Antwort
16	Was versteht man unter Verschleißwiderstand?	Die DIN 18560 fordert für Estriche insbesondere, wenn sie als endgültige Oberfläche genutzt werden sollen, eine Prüfung der Verschleißfestigkeit der Oberfläche. Eine solche Prüfung kann nach zwei unterschiedlichen Methoden durchgeführt werden: • Verschleißwiderstandsprüfung nach Böhme gemäß E DIN EN 13892-3 (mit Scheiben wird dabei der Abrieb festgestellt) • Verschleißwiderstandsprüfung nach BCA gemäß E DIN EN 13892-4 (mit Rollen wird dabei der Abrieb festgestellt).
17	Was versteht man unter Hydration?	Unter Hydratation oder Hydration versteht man • die Anlagerung von Wassermolekülen an gelöste Ionen, durch die eine Hydrathülle (auch als Hydrat-Sphäre bezeichnet) entsteht. • die Anlagerung von Wassermolekülen an polare Neutralmoleküle, insbesondere wenn Wasserstoffbrückenbindungen gebildet werden können • die Anlagerung von Wassermolekülen in Festkörper (Mineralien) als Kristallwasser • Hydratisierung (nicht aber Hydratation) nennt man ferner auch die Reaktion von Wasser mit Alkenen (z. B. Ethen), wodurch ein Alkohol entsteht.

Nr.	Frage	Antwort
18	Welche Formen von Schwindvorgängen bei Estrichen sind zu unterscheiden?	• Frühschwinden (Kapillarschwinden, plastisches Schwinden) findet in der flüssigen oder plastischen Phase statt (Verdunstung von Zugabewasser bis zum Erhärtungsbeginn). Kann planmäßig minimiert werden (Nachbehandlung!). • Autogenes Schwinden (DIN 1045: Schrumpfdehnung) findet in der erhärteten Phase statt (Selbstaustrocknung infolge Hydratation ohne Wasserabgabe nach außen). Anteil hängt u.A. vom w/z-Wert ab.
19	Es soll ein schwimmender Estrich auf einer zweilagigen Dämmschicht (eine Lage Trittschalldämmplatten, eine Lage Wärmedämmplatten) verlegt werden. 1. Wo ist die Reihenfolge der Dämmschichten geregelt? 2. In welcher Reihenfolge sind die beiden Lagen der Dämmplatten zu verlegen und was ist dabei ggf. zu beachten? a) bei einer Betondecke ohne Rohre/Rohrleitungen. b) bei einer Betondecke mit Rohren/Rohrleitungen. 3. Auf die Dämmschicht kommt eine »Dämmstoffabdeckung«. Welche Aufgabe erfüllt diese?	1. DIN 18560-2 (04.04) – Estriche im Bauwesen; Teil 2: Estriche und Heizestriche auf Dämmschichten (schwimmende Estriche) 2. a) Zuerst sind die Trittschalldämmplatten zu verlegen, darauf die Wärmedämmplatten. b) Zuerst ist ein Ausgleich aus einer gebundenen Schüttung bzw. aus den Wärmedämmplatten zu erstellen. Dieser Ausgleich muss bis mindestens Oberkante der Rohre reichen, sodass die Trittschalldämmplatten durchgehend und ohne Unterbrechungen verlegt werden können. 3. Die Dämmstoffabdeckung dient zum Schutz der Dämmstoffe vor dem Anmachwasser des Estrichs.

Nr.	Frage	Antwort
20	Welche beiden Aufheizvorgänge werden unterschieden?	Es wird unterschieden zwischen »Funktionsheizen« und »Belegreifheizen«. Funktionsheizen: Das »Funktionsheizen« nach DIN EN 1264-4 dient als Nachweis eines mangelfreien Werks für den Heizungsbauer und nicht als Aufheizvorgang zum Erreichen der Belegreife. Belegreifheizen: Das »Belegreifheizen« dient zur Beschleunigung des Trocknungsvorgangs. Das »Belegreifheizen« muss nicht durchgeführt werden, wenn die Belegreife durch andere Maßnahmen (lange Wartezeit, mechanische Trocknung) erreicht werden kann.
21	Ist ein Estrich nach den verschiedenen Aufheizvorgängen belegreif?	Auch nach einem »Belegreifheizen« ist nicht zwangsläufig davon auszugehen, dass der Estrich belegreif ist, also einen zur Verlegung von Oberböden ausreichend geringen Feuchtegehalt aufweist. Eine Feuchtemessung ist auch nach Durchführung des »Belegreifheizens« noch erforderlich.
22	Ab welcher Feuchte gilt ein unbeheizter Zementestrich als verlegereif?	2,00 %
23	Ab welcher Feuchte gilt ein unbeheizter Anhydritestrich als verlegereif?	0,50 %

Nr.	Frage	Antwort
24	Ab welcher Feuchte gilt ein beheizter Zementestrich als verlegereif?	1,80 %
25	Ab welcher Feuchte gilt ein beheizter Anhydritestrich als verlegereif?	0,30 %
26	Wann muss Schnellestrich mit Bodenbelag belegt werden?	Je nach Hersteller nach 24 Stunden bis maximal drei Tage nach Verlegung. Schnellestrich ist hygroskopisch und trocknet sonst nicht mehr aus.
27	Wozu muss Heizestrich vor dem Belegen einmal aufgeheizt werden?	Damit Estrich vor dem Belegen schon einmal eine komplette Längenausdehnung vollzogen hat.

16 Trockenbau und Malerarbeiten

Nr.	Frage	Antwort
1	Welche Brandbeanspruchungen von Decken unterscheidet man und was sind jeweils die Aufgaben von Deckenbekleidungen/Unterdecken und Rohdecke (was schützt sie)?	• **Brandbeanspruchung der Decke von oben**, dabei wird eine Brandentwicklung im Raum oberhalb der Decke angenommen. Insbesondere Holzbalkendecken sind durch einen entsprechenden Fußbodenaufbau zu schützen. • **Brandbeanspruchung der Decke von unten**, dabei wird eine Brandentwicklung unterhalb der Decke angenommen. Der erforderliche Brandschutz wird dabei durch eine Unterdecke oder Deckenbkleidung in Verbindung mit der Rohdecke erreicht. • **Brandbeanspruchung des Deckenhohlraums**, dabei wird von einem Brand unterhalb der Rohdecke ausgegangen. Wenn brennbare Bauteile oder sicherheitsrelevante Installationen im Deckenhohlraum untergebracht sind, so ist der Hohlraumbereich durch eine selbstständige Unterdecke mit entsprechenden Brandschutzeigenschaften sicherzustellen. • **Brandbeanspruchung aus dem Deckenhohlraum**, dabei wird davon ausgegangen, dass im Deckenhohlraum befindliche Brandlasten (z. B. Kabelinstallationen) einen Brand verursachen und der darunter befindliche Bereich (Fluchtweg) über eine Unterdecke zu schützen ist. Die entsprechende Unterdecke und ihre Unterkonstruktion müssen der Brandbeanspruchung von oben im Hohlraumbereich entsprechend standhalten. Zudem muss die Rohdecke der Brandbeanspruchung von unten standhalten. Hierfür ist unter Umständen eine zweite Unterdecke oder Deckenbekleidung erforderlich.

Nr.	Frage	Antwort
2	Durch welche drei Grundprinzipien ist die Schalldämmung von Ständerwänden (leichten zweischaligen Bauteilen) zu verbessern? Nennen Sie jeweils Beispiele für die Umsetzung der einzelnen Grundprinzipien.	• entkoppelte Konstruktion mit großem Abstand der Beplankungsflächen, Querlattung, großer Ständerabstand, Doppelständer • hohe Masse durch hohe Rohdichte der (möglichst biegeweichen) Beplankungen bzw. mehrlagige Beplankung • hohe Hohlraumdämpfung durch möglichst dicke Mineralwollausfachung
3	Was ist bei Türeinbauten in Metallständerwänden bei einer Raumhöhe ≤ 2,60 m zu beachten?	Als Seitenprofile müssen so genannte UA-Profile mit einer Profildicke von mindestens 2 mm als Türpfosten eingebaut werden, die jeweils oben und unten mit entsprechenden Metallwinkeln befestigt werden müssen.
4	Welche Anforderungen stellt die DIN 4102 an Dämmstoffe in Wänden aus Gipskarton-Bauplatten (Gipskarton-Ständerwände) mit Brandschutzanforderungen?	• Es muss sich um einen plattenförmigen Dämmstoff handeln. • Der Dämmstoff muss aus mineralischen Fasern bestehen und gemäß DIN 4102 der Baustoffklasse A (nicht brennbar) zugeordnet werden können. • Mineralwolle-Dämmstoffe müssen einen Schmelzpunkt von mindestens 1 000 °C aufweisen. • Die Mindestdicken und Rohdichten sind gemäß den jeweiligen Vorgaben der Normkonstruktionen einzuhalten.
5	Durch welche Bauteile in Trockenbauweise können Brandlasten »gekapselt« werden?	• Unterdecken • Schachtwände • Rohr- oder Leitungsummantelungen
6	Warum ist im Trockenbau (Holz- und Skelettbau) die Schallübertragung über trennende und flankierende Bauteile unabhängig voneinander?	Die Trennbauteile sind im bauakustischen Sinn »biegeweich« an die flankierenden Bauteile angeschlossen. Die Bauteile beeinflussen sich dadurch nicht gegenseitig (keine »Stoßstellendämmung« wie bei reinem Massivbau).

Nr.	Frage	Antwort
7	Was versteht man unter Winddichtheit, welche Probleme können bei nicht ausreichend winddichten Bauteilen auftreten?	Durch Winddruck von außen kann keine Luft in das Bauteilinnere eindringen. Bei mangelhafter Winddichtheit kühlt das Bauteil ab, was zu Tauwasserausfall führen kann. Im Gebäudeinneren kann es zu Zugerscheinungen kommen, was zu unbehaglichem Raumklima und Wärmeverlusten führt. Wenn es zum Beispiel durch eine Steckdose zieht, so ist Winddichtheit nicht gegeben.
8	Was versteht man unter Luftdichtheit? Welche Probleme können bei nicht ausreichend luftdichten Bauteilen entstehen?	Bei Luftdichtheit kann Innenraumluft nicht in das Bauteil eindringen. Genaue Anforderungen an die Luftdichtheit von Außenbauteilen sind in der DIN 4108-7 formuliert.
9	Durch welche Maßnahmen kann eine Luftdichtheit von Bauteilen und Anschlüssen erreicht werden?	Bei Leichtbaukonstruktionen wird die Luftdichtheit durch Beplankungsplatten und durch Folien hergestellt. Prinzipiell sollen Durchdringungen dieser Dichtungsebenen minimiert werden. Erforderliche Durchdringungen sind sauber anzuschließen und mit geeignetem Klebeband abzukleben. Wand-, Rand- und Eckanschlüsse müssen an das jeweilige Nachbarbauteil geführt und dort abgedichtet werden, z. B. durch Anpressleisten oder Überputzen. Vorteilhaft ist grundsätzlich die Herstellung so genannter Installationsebenen über die Verkabelungen und sonstige Leitungsführungen verlaufen, Steckdosen und Schalter installiert und spätere Nachrüstungen vorgenommen werden können.
10	Welche Baustellenbedingungen sind bei der Verspachtelung von Gipskartonplatten einzuhalten?	Die DIN 18181 fordert Verarbeitungstemperaturen von mindestens 10 °C und eine rel. Luftfeuchtigkeit von unter 80 %. Der Verputz von Mauerwerkswänden und der Einbau von Estrichböden sollten vor den Spachtelarbeiten erfolgen.

Nr.	Frage	Antwort
11	Wie sind Durchdringungen und Armaturen in Trockenbauwänden im wasserbeanspruchten Bereich (z. B. Duschwand) abzudichten?	Die Beplankungen sind aus grünen Platten GKBi herzustellen. Das sind Platten, deren Gipskern und Papier wasserabweisend (hydrophob) ausgerüstet sind. Die Platten dürfen nicht vollflächig verspachtelt werden. Der Abstand der Beplankungsflächen zu den Rohrdurchführungen muss mindestens 10 mm betragen, um eine ordnungsgemäße Abdichtung zu ermöglichen.
12	Nennen Sie Ursachen für Risse und Verformungen in der Beplankungsfläche von Trockenbaukonstruktionen sowie im Anschluss an Nachbarbauteile.	• unzulässige Belastungen • Bauteilbewegungen • Deckendurchbiegungen und starrer Deckenanschluss • zu schwere Einbauten bzw. nicht ausreichend dimensionierte Unterkonstruktion • dynamische Belastungen (z. B. Türen) • Materialfehler, wie zum Beispiel überlagerte (zu alte) Spachtelmasse und spröder Gipskern (Herstellerfehler) • Verarbeitung feuchter oder verformter Platten (falsche Lagerung) • Ungenügender Fugenversatz bei Querfugen • falsche Ausführung der Unterkonstruktion • ungenügende Vorbereitung der Plattenfugen, bzw. falsche Fugenausbildung. • Nichteinhalten der Verarbeitungsbedingungen (Klima) • Fehlen von Bewegungsfugen
13	Welche konstruktiven und planerischen Grundsätze sind bei der Ausbildung und Anordnung von Fugen und Anschlüssen in Trockenbaukonstruktionen zu berücksichtigen?	• Bauteile müssen gegeneinander arbeiten können • Deckendurchbiegungen sind durch Gleitfugen aufzunehmen • Plattenstöße und Plattenanschlüsse an die Massivkonstruktion sind mit Dichtbändern zu hinterlegen.

Nr.	Frage	Antwort
14	Wo ist die Abdichtungsebene bei Trockenestrichen in Feuchträumen anzuordnen?	Die Abdichtungsebene auf Trockenestrichen gehört auf und nicht unter den Trockenestrich. Sie ist an den aufgehenden Bauteilen mindestens 15 cm hoch zu führen. Befindet sich unter dem Trockenestrich eine Holzbalkendecke oder eine sonstige Holzkonstruktion, so ist diese vor dem Einbau des Trockenestrichs ebenfalls oberhalb abzudichten.
15	Welche Qualitätsanforderungen an die Verspachtelung von Gipskartonbauteilen gibt es und welche sind regelmäßig gefordert?	Folgende Qualitätsanforderungen an die Spachtelarbeiten werden unterschieden: • Q1 Grundverspachtelung • Q2 Standardverspachtelung • Q3 Sonderverspachtelung • Q4 höchste Anforderung, ganzflächiges Abstucken, z. B. wenn die Flächen später lackiert werden sollen. Die Qualitätsanforderungen Q1 und Q2 sind regelmäßig gefordert. Wird mehr oder weniger verlangt, so bedarf dies einer Vorgabe im Leistungsverzeichnis.
16	Wie lassen sich im Trockenbau hohe Schall-Längsdämm-Maße (geringe Schalllängsleitung) der flankierenden Bauteile erreichen?	Durch die Hohlraumdämpfung (Mineralwolle), durch schwere oder doppellagige Beplankung und durch die Trennung der Beplankung der flankierenden Bauteile im Bereich der Raumtrennwände werden hohe Schall-Längsdämm-Maße erreicht. Die Ausführung mit Metallständern führt zu höheren Dämmwerten als bei Holzkonstruktionen.
17	Was ist bei der Anordnung der Gipskarton- bzw. Gipsfaser-Beplankungen einer Metallständerwand generell unzulässig?	Die Ausbildung von Kreuzfugen.

Nr.	Frage	Antwort
18	Was ist bei der Begutachtung eines Deckensystems hinsichtlich der Ausführung der Unterkonstruktion und der Decklage zu überprüfen?	Unterkonstruktion: • prinzipielle Eignung der Abhänger und der Unterkonstruktion für das Deckensystem und seine Funktion (Tragfähigkeit, ggf. Drucksteifigkeit) • Art der Verankerung der Abhänger im tragenden Bauteil • Abstand der Abhänger • Abstand der Grundprofile • Abstand der Tragprofile • Einleitung von zusätzlichen Lasten in die Unterkonstruktion (z. B. aus Wänden) • ausreichende Steifigkeit und Nichtverschiebbarkeit der Unterkonstruktion bei Einlegemontage • vorhandene Einbauten und Zusatzlasten, Gewicht, zusätzliche Abhängung bzw. Sicherung • Abweichung vom System (systemfremde Bestandteile, »Baustellenlösung«) Decklage: • Fugenausbildung • Spannweite, vorhandene Auflagerfläche (bei Einlegemontage) • Anordnung von Bewegungsfugen • Ausbildung des Wandanschlusses
19	Wie erkennt man Kalkfarben?	Kalkfarben sind unbrennbar und schäumen beim Salzsäuretest stark auf.
20	Wie erkennt man Silikatfarben?	Silikatfarben sind unbrennbar, unempfindlich gegen organische Lösemittel und Abbeizfluide. Sie schäumen beim Salzsäuretest schwach auf.

Nr.	Frage	Antwort
21	Wie erkennt man Dispersionssilikatfarben?	Dispersionssilikatfarben werden durch Dispersionsabbeizer schwach gelöst und schäumen beim Salzsäuretest schwach auf. Ihr organischer Anteil ist durch die Glühprobe bei 450 °C erkennbar (leichte Rußbildung durch die organischen Bestandteile).
22	Wie erkennt man Dispersionsfarben?	Dispersionsfarben verbrennen durch Hitze und werden von Nitroverdünnung angelöst. Sie können mit Abbeizfluiden abgebeizt werden.
23	Wie erkennt man lösemittelhaltige Fassadenfarben?	Fassadenfarben verbrennen durch Hitze (leichte Rußbildung durch die organischen Bestandteile), werden von Spiritus und Testbenzin angelöst.
24	Wie erkennt man Silikonharzfarben?	Silikonharzfarben haben eine stark wasserabweisende Wirkung und können mit Abbeizfluiden abgebeizt werden. Silikonharze ergeben beim Abbrennen weiße Ascherückstände (SiO_2).
25	Wie dick ist eine Grundierung in üblicher Schichtdicke?	Bis zu 6 µm
26	Wie dick ist eine dreischichtige Lackierung?	60–120 µm

Nr.	Frage	Antwort
27	Ein Bauherr reklamiert, dass es bei Gipskartonwänden mit einer Spachtelung in Q3-Qualität zu Ablösungen des Anstrichs kommt, wenn Klebebänder aufgeklebt und dann wieder abgezogen werden. Beim Ortstermin überprüfen Sie die Haftfestigkeit der Anstrichbeschichtung unter Verwendung zweier unterschiedlicher Klebebänder mit folgenden Ergebnissen: • Bei der Verwendung des Klebebandes tesakrepp 433100=farblos, kam es zu keiner Trennung der Beschichtung vom Untergrund. • Bei der Verwendung des Klebebandes tesaband 4651 kam es zu einem Adhäsionsbruch innerhalb der Spachtelschicht. Wie erklären Sie diesen Sachverhalt?	Dies ist dadurch bedingt, dass eine so dünne Schicht der Spachtelung, wie hier vorliegend und auch grundsätzlich fachgerecht hergestellt, nicht derart auskristallisieren kann, um eine derartig hohe Festigkeit zu erlangen. Das ist bei einer Spachtelung von Gipskartonplatten mit der Qualitätsstufe Q3 normal. Derartige Probleme mit einer vermeintlich unzureichenden Haftzugfestigkeit gibt es nur bei einer nachfolgenden Beschichtung der Spachtelebene mit Dispersionsfarbe. Bei Beschichtungen mit Malervlies oder sonstigen Tapeten etc. ist dies aber nicht der Fall, da hier eine Festigung des Untergrunds durch den Tapetenkleister erfolgt.

17 Holz und Holzschädlinge

Nr.	Frage	Antwort
1	Erläutern Sie die Vorgänge, die zum Schwinden bzw. Quellen von Holz führen.	Holz nimmt in Abhängigkeit der relativen Luftfeuchtigkeit Feuchtigkeit auf und gibt sie wieder ab. Dabei verändert das Holz jeweils sein Volumen. Bei Feuchtigkeitsaufnahme findet eine Volumenzunahme (Quellen) und bei Feuchtigkeitsabgabe findet eine Volumenabnahme (Schwinden) statt.
2	Was ist die Ursache für die Bildung von Rissen in Holz?	Findet der Trocknungsprozess des Holzes zu schnell statt, so kommt es auf der Außenseite zu einer stärkeren Trocknung und damit einhergehend stärkeren Volumenreduzierung, als im Innenbereich des Holzes. Dies führt zu Spannungen im Holzquerschnitt. Übersteigen die Spannungen die Festigkeit des Holzes, so entstehen Risse.
3	Warum werden Holzbauteile krumm?	Im Holzquerschnitt befinden sich unterschiedliche Anteile von radial und tangential ausgerichteten Holzfasern, die dazu führen, dass die Volumenveränderungen insgesamt unterschiedlich statt finden. Darüber hinaus ist das Trocknungsverhalten im Früh- und Spätholz der einzelnen Jahresringe unterschiedlich. Im Frühholz finden stärkere Volumenveränderungen statt als im Spätholz. Bei stehenden Jahresringen im Mittelbrett kommt es zu gleichmäßigen Volumenveränderungen auf der Ober und Unterseite des Holzbauteils, es bleibt gerade. Bei liegenden Jahresringen in Seitenbrettern kommt es zu unterschiedlichen Volumenveränderungen auf Ober- und Unterseite des Holzbauteils, es wird krumm.

Nr.	Frage	Antwort
4	Was versteht man unter Anisotropie?	Das Schwind- und Quellverhalten von Holz ist in Längs-, Radial- und Tangentialrichtung stark unterschiedlich. Diesen Umstand bezeichnet man als Anisotropie, was soviel bedeutet wie »in jeder Richtung anders«.
5	a) Wie ist das Schwindverhalten von Holz in Längs-, Radial- und Tangentialrichtung zu quantifizieren? Schätzen Sie die Schwindwerte in % des Querschnittes zwischen Fasersättigungsfeuchte und Darrtrockenheit. b) Vergleichen Sie das Schwindverhalten von Laubholz (Eiche, Buche) und Nadelholz (Tanne, Fichte).	a) Mit folgendem Schwindverhalten muss bei einer Trocknung vom Fasersättigungspunkt bis zur Darrfeuchte gerechnet werden: Längsrichtung: ca. 0,3 % (je nach Holzart von 0,1 bis 1,0 %) Radialrichtung: ca. 5 % (je nach Holzart von 2 bis 10 %) Tangentialrichtung ca. 10 % (je nach Holzart von 4 bis 15 %) b) Laubholz schwindet nicht so stark wie Nadelholz.
6	Kann die Einhaltung der maximal zulässigen Einbaufeuchte das Auftreten von Schwindrissen vermeiden?	Wird das Holz nach dem Einbau wieder durchfeuchtet und kommt es danach wieder zu einer abrupten Abtrocknung, so kann es auch noch nachträglich zu Schwindrissbildung kommen.

Nr.	Frage	Antwort
7	Welche Schnittklassen für Kanthölzer (Bauholz) kennen Sie?	Schnittklassen für Kanthölzer sind in DIN 68365 festgelegt:

Schnittklasse	Zulässige Baumkante
S	Nein
A	1/8
B	1/3
C	Jede Seite in ganzer Länge mindestens von der Säge gestreift

Die Breite der Baumkante (Fehlkante) wird an ihrer breitesten Stelle an der Oberfläche gemessen und ihre Größe als Bruchteil der größten Querschnittseite des Kantholzes angegeben.

Nr.	Frage	Antwort
8	Warum werden kerngetrennte Kanthölzer bevorzugt?	Ein Kantholz mit eingeschlossenem Mark wird durch die Schwindung stark reißen. Daher werden auf Anforderung Stämme so gesägt, dass das Mark durchtrennt wird, das Mark also bei den Kanthölzern auf einer Seitenfläche liegt. Hier entstehen nur kleine, vom Mark ausgehende Risse. In besonderen Fällen wird kernfreies Holz hergestellt. Dabei wird im Einschnitt das Mark in ein Kernbrett gelegt. Die beidseits gesägten Kanthölzer bleiben bei Schwindung rissfrei.

Nr.	Frage	Antwort

| 9 | Welche Gefährdungsklassen für Holzbauteile werden in der DIN 68800 definiert? | Holzbauteile werden gemäß nachstehender Tabelle in Gefährdungsklassen eingeordnet. Ist ein Holzbauteil bestimmungsgemäß mehreren Gefährdungsklassen zuzuordnen, so ist die Auswahl des Holzschutzmittels und des Einbringverfahrens jeweils die höchste in Betracht kommende Gefährdungsklasse maßgebend. |

Gefähr-dungs-klasse (KG)	Beanspruchung	Gefährdung durch			
		Insekten	Pilze	Aus-waschungen	Moder-fäule
0	Innen verbautes	nein	nein	nein	nein
1	Holz, ständig trocken	ja (I_v)	nein	nein	nein
2	Holz, das weder dem Erdkontakt noch direkt der Witterung oder Auswaschung ausgesetzt ist, vorübergehende Befeuchtung möglich	ja (I_v)	ja (P)	nein	nein
3	Holz der Witterung oder Kondensation ausgesetzt, aber nicht in Erdkontakt	ja (I_v)	ja (P)	ja (W)	nein
4	Holz in dauerndem Erdkontakt oder ständiger starker Befeuchtung ausgesetzt	ja (I_v)	ja (P)	ja (W)	ja (E)

Nr.	Frage	Antwort

| 10 | Welche Werkstoffklassen von Holz-bauteilen kennen Sie und welche Eigenschaften haben diese? | Hinsichtlich der Feuchtebeständigkeit der Verleimung von Holzwerkstoffen wird zwischen den Holzwerkstoffklassen 20, 100 und 100 G unterschieden. Die Holzwerkstoffklassen betreffen die Qualität der Verleimung und weisen gemäß DIN 68705-3 folgende Eigenschaften auf: |

Verleimung	Eigenschaft
20	Nicht wetterfest verleimter Holzwerkstoff
100	Wetterfest verleimter Holzwerkstoff
100 G	Wetterfest verleimter Holzwerkstoff, der durch die Verwendung von Holzarten mit hoher Resistenz hergestellt, oder mit einem Holzschutzmittel versehen wurde.

| 11 | Was sind die wesentlichen Bestand-teile von Holz und welchen Einfluss haben diese auf den Befall durch Holzschädlinge? | Die Holzsubstanz besteht im Wesentlichen aus folgenden chemischen Bestandteilen: |

Chemische Bestandteile	Anteil
Cellulose	ca. 40 bis 50 %
Lignin	ca. 20 bis 35 %
Polyose	ca. 15 bis 35 %
Sonstiges	ca. 1 bis 3 %

Je nach Art des Schädlings werden mehr Cellulose- oder Ligninbestandteile abgebaut. Wird hauptsächlich Cellulose abgebaut, so verbleibt das bräunliche Lignin, man spricht von Braunfäule. Wird mehr Lignin abgebaut, so spricht man von Weißfäule, da die helle Cellulose über bleibt. Es ist so ein erster Hinweis auf die Art des Schädlings gegeben.

Nr.	Frage	Antwort
12	Bei welchen Gefährdungsklassen kann Fichtenholz und Robinie ohne zusätzlichen chemischen Holzschutz eingesetzt werden?	Ohne chemischen Holzschutz kann Fichtenholz nur in der Gefährdungsklasse GK 0 und Robinie bis zur Gefährdungsklasse GK 4 eingesetzt werden.
13	Was verstehen Sie unter konstruktivem Holzschutz? Wo finden Sie diesbezügliche Regelungen?	Der Verzicht auf den vorbeugenden chemischen Holzschutz ist nur dann begründet und zulässig, wenn eine Gefährdung der Holzteile (durch Insekten oder Pilze) durch entsprechende bauliche Maßnahmen dauerhaft sicher ausgeschaltet ist, so dass sich der Bauteilquerschnitt sowohl bei »planmäßiger«, als auch bei »außerplanmäßiger« Beanspruchung (z. B. ungewollte Feuchte) selbst helfen kann und zusätzliche chemische Mittel nicht mehr erforderlich sind. Diese »besonderen baulichen Maßnahmen« sind in DIN 68800-2 definiert.
14	Was verstehen Sie unter chemischem Holzschutz? Wo finden Sie diesbezügliche Regelungen?	Der Einsatz chemischer Mittel auf der Grundlage von DIN 68800-3 soll die Risiken abdecken, die für die Holzteile u. a. aus folgenden Einflüssen entstehen können, gegen die nach dieser Norm keine speziellen baulichen Vorkehrungen getroffen werden müssen: • unkontrollierbarer Insektenbefall, z. B. bei belüfteten Bauteilen • »ungewollt« auftretende Feuchte, z. B. erhöhte Einbaufeuchte des Holzes oder anderer Materialien im Querschnitt des Holzbauteils, bei Außenbauteilen Leckagen an der Raumseite (Wasserdampfkonvektion) oder an der Außenseite (Niederschläge).

Nr.	Frage	Antwort
15	Wovon ernähren sich Blaufäulepilze und welche Art der Schädigung der Holzbauteile verursachen sie?	Da sich die Bläuepilze ausschließlich von Zellinhaltsstoffen ernähren ohne die Zellwandsubstanz anzugreifen, entsteht keine Fäule. Der verursachte Schaden ist somit lediglich eine Verfärbung des Holzes, sozusagen ein »Schönheitsfehler«. Gefährlich wird Bläuepilzbefall jedoch in der Form der Anstrichbläue, da durch das auswachsende Myzel bzw. die sich bildenden Fruchtkörper der schützende Anstrichfilm beschädigt wird und somit Eintrittspforten für Feuchte entstehen.
16	Wovon ernähren sich Weißfäulepilze und welche Art der Schädigung der Holzbauteile verursachen sie?	Weißfäule (Korrosionsfäule) ist sehr viel seltener als Braunfäule anzutreffen und wird von Pilzen hervorgerufen, die sowohl die Cellulose aber primär das Lignin der Zellwand abbauen, und zwar entweder nacheinander oder mehr oder weniger gleichzeitig. Merkmal: faseriger Zerfall des Holzes.
17	Wovon ernähren sich Braunfäulepilze und welche Art der Schädigung der Holzbauteile verursachen sie?	Die Bezeichnung Braunfäule (Destruktionsfäule) bezieht sich auf die braune Verfärbung des Holzes infolge des Pilzbefalls. Dieser Fäuletyp wird durch Pilze hervorgerufen, die vorwiegend die Cellulose, sowie die begleitende Hemicellulose (= Polyosen) der Zellwand abbauen. Zurück bleibt das Lignin der Zellwand, das braun gefärbt ist, so dass sich das befallene Holz braun verfärbt.

Nr.	Frage	Antwort
18	Warum ist der Echte Hausschwamm so gefährlich?	Der Echte Hausschwamm ist deshalb so gefährlich, weil er eine sehr große Zerstörungskraft besitzt. Er kann sich zwar nur auf feuchtem Holz entwickeln, ist aber in der Lage, über trockenes Holz oder durch Mauerwerk und Beton zu wachsen. Er kann auch trockenes Holz befallen, indem er Feuchte über das Myzel zu dem trockenen Holz transportiert und es so durchfeuchtet. Falls erforderlich dringt das Myzel ins Erdreich und beschafft sich so die erforderliche Feuchte. Myzel kann dabei durchaus Strecken von 50 m überbrücken.
19	Wie können Sie den Echten Hausschwamm identifizieren?	Fruchtkörper rotbraun mit weißem Zuwachsrand, lässt sich leicht und zerstörungsfrei vom Untergrund ablösen. Legt man einen kleinen Teil des Myzels in eine Filmdose und öffnet man diese nach etwa 5 Minuten wieder, so entsteht ein starker übel riechender Geruch. Auf der Oberfläche des Fruchtkörpers entstehen oftmals Wassertropfen. Der Fruchtkörper kann eine Größe von bis zu 1 m² erreichen. Das Myzel ist silberiggrau, es lässt sich leicht vom Untergrund lösen, es riecht moderig pilzig, im trockenen Zustand (in Ofen legen) bricht es mit einem Knackgeräusch, beim Verbrennen riecht es nach Horn.
20	Woran erkennen Sie den Befall mit Hausbock? Beschreiben Sie die Ausflugslöcher. Welche Holzarten werden durch den Hausbock bevorzugt befallen?	Der Befall zeigt ovale Ausflugslöcher. Die Löcher sind ca. 5 mm lang, 3 mm breit. Die Holzoberfläche bleibt weitgehend unbeschädigt. Die Kotpartikel sind relativ groß (wie Ausflugslöcher). Die Ausflugszeit ist meist im Juli und August. Der Hausbock ist in ganz Europa verbreitet, er befällt nur Nadelholz, wobei er wiederum Splintholz bevorzugt.

Nr.	Frage	Antwort
21	Woran erkennen Sie den Befall durch Anobien? Beschreiben Sie die Ausflugslöcher. Welche Holzarten werden durch die Anobien bevorzugt befallen und warum gehören sie zu den häufigsten Schädlingsinsekten in Europa?	Der Gemeine Nagekäfer ist das am meisten verbreitete und bekannteste holzschädigende Insekt in Europa, weil er Holz schon ab einem Feuchtegehalt von 10 % befallen kann. Ein derartiger Feuchtegehalt ist oftmals schon in Innenräumen anzutreffen. Optimale Lebensbedingungen stellt eine Holzfeuchte zwischen 15 % und 45 % dar. Er befällt zudem Laub- und Nadelhölzer, bevorzugt (wie alle anderen Schädlinge auch) Splint- und Weichhölzer. Die Larven werden ca. 4–6 mm lang. Der Befall zeigt runde Ausflugslöcher. Die Löcher sind kreisrund und haben einen Durchmesser von ca. 1–2 mm. Die Holzoberfläche bleibt weitgehend unbeschädigt. Die Käfer befallen Bau- und Möbelholz gleichermaßen. Ausflugszeit ist von April bis August.
22	Der Echte Hausschwamm ist in einigen Bundesländern gemäß Landesbauordnung meldepflichtig. Sie stellen entsprechenden Befall bei einer Ortsbesichtigung fest. Wie verhalten Sie sich?	Der Auftraggeber ist in aller Deutlichkeit (schriftlich) auf die Situation und die Gefahren und Konsequenzen hinzuweisen. Ist er nicht zugleich der Eigentümer des Objekts, so wird ihm angeraten den Umstand dem Eigentümer ebenfalls zu melden. Es ist nicht Sache des Sachverständigen von sich aus die Behörden oder sonstige Dritte zu informieren.

Nr.	Frage	Antwort
23	Beschreiben Sie die erforderlichen Maßnahmen zur Beseitigung von Holzpilzbefall.	Der Insektenbefall muss durch beidseitig angeordnetes Abbeilen der Konstruktionshölzer kontrolliert entfernt werden. Gegebenenfalls sind die Deckbretter und Verschalungen aufzunehmen. Die beschädigten Hölzer müssen bis auf das gesunde Holz abgebeilt werden. Je nach Art der amtlich zugelassenen Bekämpfungsmittel ist ein mehrmaliger Auftrag im Streich- oder Sprühverfahren aufzubringen. Nicht allseitig zugängliche Hölzer müssen zusätzlich durch eine Bohrlochtränkung behandelt werden. Dabei müssen alle Hölzer, nicht nur die augenscheinlich befallenen, behandelt werden. Bei den Bekämpfungsmitteln handelt es sich um für Mensch und Tier stark gesundheitsgefährdende Stoffe. Sonderverfahren zur Holzwurmsanierung sind: • Heizluftverfahren • Begasungsverfahren • Hochfrequenzverfahren Diese Sonderverfahren stellen jedoch keinen vorbeugenden Holzschutz dar.

Nr.	Frage	Antwort
24	Bei der Ausführung von wärmegedämmten Steildächern aus Holzkonstruktionen mit Dachneigungen fordern manche Bauherren eine Dachkonstruktion ohne vorbeugenden chemischen Holzschutz. a) Darf nach DIN 68800-3 Holzschutz, vorbeugender chemischer Holzschutz, bei tragenden Konstruktionen auf einen vorbeugenden Holzschutz verzichtet werden oder nicht? b) Falls ja, unter welchen Bedingungen (gegebenenfalls Angabe einer entsprechenden Konstruktionsart)?	a) Grundsätzlich sind Ausführungen mit vorbeugenden baulichen Maßnahmen solchen mit chemischen Maßnahmen vorzuziehen. Auf einen vorbeugenden chemischen Holzschutz kann verzichtet werden, wenn tragende oder aussteifende Holzbauteile vor Insekten- oder Pilzbefall geschützt sind. Voraussetzung ist, dass trockenes Holz (< 20 % Holzfeuchte) verwendet wird und die Holzfeuchte durch Transport, Lagerung, Einbau und Nutzung nicht steigt, sowie der Zutritt von Insekten verhindert wird. b) Durch eine unbelüftete Konstruktion mit allseitig geschlossener Abdeckung durch Bahnen, Schalung oder Beplankung. Für die Konstruktion ist der Tauwasserschutz entsprechend DIN 4108 nachzuweisen.

Nr.	Frage	Antwort
25	Beschreiben Sie die erforderlichen Maßnahmen zur Beseitigung von Holzwurmbefall.	Der Insektenbefall muss durch beidseitig angeordnetes Abbeilen der Konstruktionshölzer kontrolliert entfernt werden. Gegebenfalls sind die Deckbretter und Verschalungen aufzunehmen. Die beschädigten Hölzer müssen bis auf das gesunde Holz abgebeilt werden. Je nach Art der amtlich zugelassenen Bekämpfungsmittel ist ein mehrmaliger Auftrag im Streich- oder Sprühverfahren aufzubringen. Nicht allseitig zugängliche Hölzer müssen zusätzlich durch eine Bohrlochtränkung behandelt werden. Dabei müssen alle Hölzer, nicht nur die augenscheinlich befallenen, behandelt werden. Bei den Bekämpfungsmitteln handelt es sich um für Mensch und Tier stark gesundheitsgefährdende Stoffe. Sonderverfahren zur Holzwurmsanierung sind: • Heißluftverfahren • Begasungsverfahren • Hochfrequenzverfahren.
26	Warum ist die Beanspruchbarkeit von Holz parallel zur Faser ca. 4-mal höher, als senkrecht dazu?	Holz besitzt längs zur Faser parallel angeordnete Röhren (Röhrenbündel). Die Beanspruchbarkeit der Röhren ist in ihrer Längsrichtung höher ist als quer dazu. Man denke an ein Bündel Trinkhalme, das oben und unten mit einem Bierdeckel versehen wird. Die Stabilität dieser Konstruktion ist in Längsrichtung enorm. Bei einer Belastung quer zu den Röhren werden diese aber ohne nennenswerten Kraftaufwand platt gedrückt.

Nr.	Frage	Antwort
27	Erläutern Sie die Abkürzungen • NH S7 • LH MS10 • BSH BS 14.	• Nadelholz Sortierklasse 7 • Laubholz Sortierklasse 10 (Maschinensortierung) • Brettschichtholz Sortierklasse 14
28	Sie überprüfen eine Anlieferung von Parkettdielen mit Nut und Feder an Längs- und Kopfseiten aus Eichenholz mit den Abmessungen 2 000 mm · 180 mm · 20 mm und stellen eine Holzfeuchtigkeit von ca. 20 % bis 24 % fest. Die Dielen sollen vollflächig auf einen Zementestrich verklebt werden. Die Räume werden über eine Gaszentralheizung mit Stahlkonvektoren beheizt. a) Welcher Feuchtegehalt muss für Holzdielen bei der Verlegung vorliegen? b) In welcher Form erwarten Sie Schwindvorgänge der Holzdielen? c) Welche Empfehlungen geben Sie dem Bauherrn hinsichtlich Art und Zeitpunkt der Verlegung? Begründen Sie Ihre Vorgehensweise.	a) Der Feuchtegehalt soll 9 % ($\pm$2 %) betragen. b) Das Schwindmaß in Längsrichtung wird nur sehr gering sein. In radialer Richtung werden Schwindmaße von ca. 0,16 % und in tangentialer Richtung ca. 0,36 % betragen. Das sind bei entsprechender Ausrichtung in • radialer Richtung (22 %–9 %) · 0,16 · 180 mm/100 % = 3,74 mm • tangentialer Richtung (22 %–9 %) · 0,36 · 180 mm/100 % = 8,42 mm c) Auf Grund der unterschiedlichen Anteile der radialen und tangentialen Faserausrichtungen werden die einzelnen Dielen sehr unterschiedliche Schwindmaße aufweisen. Die Dielen werden nach der Austrocknung nicht mehr maßhaltig sein und zudem erhebliche Verformungen aufweisen. Sie können nicht verarbeitet werden und dürfen dem Lieferanten nicht abgenommen werden, da sie in zu feuchtem Zustand eingeschnitten und fertig gestellt wurden. Es müssen neue Parkettdielen bestellt werden, die erst bei einer Holzfeuchte von rund 9 % hergestellt werden.

Nr.	Frage	Antwort
29	Was versteht man unter Gleichgewichtsfeuchte und wie hoch sind die Normalwerte der massebezogenen Holzfeuchte in und an Bauwerken?	Holzbaustoffe nehmen in Abhängigkeit des Feuchtegehalts der umgebenden Luft ebenfalls Feuchte auf. Die entsprechenden Ausgleichsfeuchten betragen bei: • Holzparkett 8 %, • Innenausbau und Möbeln 9 %, • Fenstern 12 %, • ungedämmten Dachstühlen 15 % jeweils in einer Schwankungsbreite von ca. ±3 %. Bei Außenbauteilen, z. B. Carports oder Gartenhäuser, stellt sich eine Ausgleichsfeuchte von ca. 18 % ± 6 % ein.
30	Eine Parkettdiele aus Eichenholz hat ein Volumen von 1 000 cm³ und ein Gewicht von 1 200 g. a) Wie hoch ist das Darr-Rohgewicht? b) Wie viel Gramm Wasser enthält die Diele? c) Wie hoch ist die Darrbezugsfeuchte? d) Wie viel Gramm Wasser enthält die Diele noch, wenn sie auf Fasersättigungsfeuchte herabgetrocknet wird? e) Wie viel Wasser muss der Parkettdiele entzogen werden, damit sie auf einen Zementestrich mit Fußbodenheizung verlegt werden kann?	a) Das Darr-Rohgewicht beträgt bei Eichenholz 600 kg/m³ oder 0,60 g/cm³. Das Darrgewicht der Parkettdiele beträgt 0,60 g/cm³ · 1 000 cm³ = 600 g b) Der Wasseranteil in der Diele beträgt: 1 200 g – 600 g = 600 g c) Die Darrbezugsfeuchte errechnet sich nach folgender Formel: $(G_u - G_o)/G_o \cdot 100\,\% = (1\,200 - 600)/600 \cdot 100\,\% = 100\,\%$ d) Feuchte bei Fasersättigung = 30 % 600 g · 30 % = 180 g e) Der zulässige Feuchtegehalt für Parkettdielen beträgt bei Verlegung auf Estrichen mit Fußbodenheizungen 8 % 600 g · 8 % = 48 g 600 g – 48 g = 552 g Wasser müssen der Parkettdiele entzogen werden.

Nr.	Frage	Antwort
31	Welche Kombination von Verbindungsmitteln ist sinnvoll und welche nicht? Verleimung und Verschraubung oder Verleimung und Nagelung?	Eine Leimverbindung ist in grober Näherung als starr anzusehen. Eine geschraubte Verbindung ist zwar etwas nachgiebiger aber immer noch wesentlich starrer als eine Nagelverbindung. Sie ähnelt der einer Leimung. Die Kombination Leim – Schraube ist durchaus möglich. Eine Nagelverbindung hingegen trägt erst nach einer gewissen Verformung der Nägel. (Die Last-Verschiebungskurve ist wesentlich flacher geneigt). Eine Verleimung wäre nach dieser Verformung aber unbrauchbar, weil die Leimfuge gerissen wäre. Die Kombination Leim – Nagel ist als unsinnig, oder allenfalls als Heftnagelung für die Montage zu verstehen, bei der die Nägel nach dem Aushärten des Leimes entfernt werden könnten.
32	Warum ist die Beanspruchbarkeit von Holz parallel zur Faser ca. 4-mal höher als senkrecht dazu (ggf. Skizze)?	Holz besitzt längs zur Faser parallel angeordnete Röhren (Röhrenbündel). Die Beanspruchbarkeit der Röhren ist in ihrer Längsrichtung höher als quer dazu. Man denke an ein Bündel Trinkhalme, das oben und unten mit einem Bierdeckel versehen wird. Die Stabilität dieser Konstruktion ist in Längsrichtung enorm. Bei einer Belastung quer zu den Röhren werden diese aber ohne nennenswerten Kraftaufwand plattgedrückt.

Nr.	Frage	Antwort
33	Welche Kombination von Verbindungsmitteln ist sinnvoll und welche nicht? • Verleimung und Verschraubung • Verleimung und Nagelung	Eine Leimverbindung ist in grober Näherung als starr anzusehen. Eine geschraubte Verbindung ist zwar etwas nachgiebiger, aber immer noch wesentlich starrer als eine Nagelverbindung. Diese ähnelt der einer Leimung. Die Kombination Leim–Schraube ist durchaus möglich. Eine Nagelverbindung hingegen trägt erst nach einer gewissen Verformung der Nägel. Die Last-Verschiebungskurve ist wesentlich flacher geneigt. Eine Verleimung wäre nach dieser Verformung aber unbrauchbar, weil die Leimfuge gerissen wäre. Die Kombination Leim–Nagel ist als unsinnig oder allenfalls als Heftnagelung für die Montage zu verstehen, bei der die Nägel nach dem Aushärten des Leimes entfernt werden können.

18 Flach- und Steildächer

Nr.	Frage	Antwort
1	Welche Planungsrichtlinien sollten bei der Erstellung von Balkonen beachtet werden?	• Flachdachrichtlinien • Merkblatt Bodenbeläge aus Fliesen und Platten außerhalb von Gebäuden
2	Wann sind nach den Fachregeln Unterdächer anzuordnen? Geben Sie eine Lösung zur Sicherung der Nagellöcher bei wasserdichten Unterdächern an.	Gemäß den Grundregeln für Dachabdeckung heißt es: Bei höheren Nutzungsanforderungen (z. B. wohnlich ausgebautes Dachgeschoss) soll keine Feuchtigkeit infolge von Treibregen, Flugschnee, Vereisungen oder Schneeablagerungen eindringen, so dass Unterdächer, Unterdeckungen oder Unterspannungen als zusätzliche Maßnahme geplant und ausgeführt werden müssen. Wasserdichtigkeit kann nur durch Abdichtungen oder Unterdächer mit eingebundener Konterlattung, optimaler Weise trapezförmig ausgebildet, erreicht werden. Die Abdichtungsebene sollte diffusionsoffen sein, ansonsten ist eine unterseitige Dampfsperre mit einem s_d-Wert von 100 m zwingend erforderlich.
3	In den Dachdeckerrichtlinien (Flachdachrichtlinien) wird für die Dachabdichtung ein Mindestgefälle vorgeschrieben. Welcher Wert ist genannt? Ist es grundsätzlich zulässig, diesen Wert zu unterschreiten, wenn ja, unter welchen Umständen?	Das Mindestgefälle für Flachdächer ist in den Flachdachrichtlinien mit 2 % angegeben. Bei Unterschreitung dieser Mindestdachneigung handelt es sich um so genannte Sonderkonstruktionen, bei denen über die Bestimmungen der Flachdachrichtlinien hinausgehende zusätzliche Maßnahmen erforderlich sind. Das kann zum Beispiel der Einbau einer zusätzlichen Schweißbahnlage sein.

Nr.	Frage	Antwort
4	Erläutern Sie die Konstruktionsprinzipien eines Warmdaches.	Der Deckenaufbau von unten nach oben ist wie folgt: • tragende Decke (meist Stahlbeton) • Ausgleichschicht (Gefällegebung) • Dampfsperre • Wärmedämmung • Dampfdruckausgleichsschicht • Abdichtungsebene (meist Schweißbahnen oder Kunststofffolie) • Schutzschicht (Kiesschüttung), wenn diese entfallen soll, so muss die oberste Schweißbahnlage beschiefert sein.
5	Erläutern Sie die Konstruktionsprinzipien eines Kaltdaches.	Der Deckenaufbau von unten nach oben ist wie folgt: • tragende Decke (meist Holzbalkendecke) • Verkleidung der Deckenunteransicht • Dampfsperre • Wärmedämmung • Luftschicht (möglichst groß mit Zu- und Abluftöffnungen) • Verschalung auf der Balkenoberseite mit Herstellung des erforderlichen Gefälles • Dampfdruckausgleichsschicht • Abdichtungsebene (meist Schweißbahnen oder Kunststofffolie) • Schutzschicht (Kiesschüttung), wenn diese entfallen soll, so muss die oberste Schweißbahnlage beschiefert sein.
6	a) Welche zwei Werkstoffgruppen bzw. -arten unterscheidet man bei hochpolymeren Dichtungsbahnen? b) Nennen Sie für jede Gruppe mindestens ein Beispiel eines Werkstoffes.	a) Thermoplaste und Elastomere b) Thermoplaste: PVC (Polyvinylchlorid), PIB (Polyisobutylen), PE (Polyethylen); Elastomere: IIR (Butylkautschuk), EPDM (Ethylen-Propylen-Terpolymer-Kautschuk)

Nr.	Frage	Antwort
7	Auf welche Weise erfolgt die Nahtverbindung bei den beiden verschiedenen Gruppen der hochpolymeren Dachbahnen vorwiegend, und zwar auf der Baustelle?	Thermoplaste: Schweißen Elastomere: Kleben
8	Welche maximalen Abstände dürfen Dehnungsausgleicher aus Zink oder Kupfer aufweisen?	Gemäß Tabelle 6 der Fachregeln für Metallarbeiten im Dachdeckerhandwerk sind folgende maximale Abstände für Dehnungsausgleicher einzuhalten: • eingeklebte Einfassungen: Winkelanschlüsse; Traufbleche; Dachrandeinfassungen und eingeklebte Shedrinnen in der Wasserebene: 6 m • Mauerabdeckungen: Dachrandabschlüsse außerhalb der Wasserebene; innenliegende, nicht eingeklebte Dachrinnen mit Zuschnitt größer 500 mm: 8 m • bei Scharen für Dachdeckungen und Außenwandbekleidungen: 10 m • innen liegende, nicht eingeklebte Rinnen: 10 m • vorgehängte Kastenrinnen mit Zuschnitt bis 500 mm: 10 m • vorgehängte Kastenrinnen mit Zuschnitt über 500 mm: 15 m.

Nr.	Frage	Antwort
9	Was bedeuten die Zahlen 85/25 bei der Kennzeichnung einer Bitumendachbahn?	Es geht hier um die Prüfung des Erweichungspunktes von Bitumendachbahnen mit Ring und Kugel. Mit Hilfe dieses Tests wird die Temperatur ermittelt, bei der eine Bitumenschicht, unter festgelegten Randbedingungen eine bestimmte Verformung durch das Auflegen einer Stahlkugel erfährt. Dieser Test dient zur Beurteilung des Verhaltens bei hohen Temperaturen, also der Wärmestandfestigkeit. Im vorliegenden Beispiel bedeutet die Zahlenkombination 85/25, dass das Kugelgewicht bei einer Temperatur von 85 °C die Bitumendachbahn um 25 mm nach unten drückt (verformt).
10	Was ist der Unterschied zwischen Dachdeckung und Dachabdichtung?	Eine Dacheindeckung erfolgt bei Steildächern mit Tondachziegeln oder Betondachsteinen. Diese ist weder regendicht noch wasserdicht. Das heißt Wasser kann insbesondere durch Wind unter diese Konstruktion gelangen. Alle schuppenförmigen Dachkonstruktionen, also auch Verschieferungen etc. sind in dem Sinne nicht dicht. Eine Abdichtung lässt kein Wasser in die Konstruktion eindringen und ist aus bahnenförmigen Baustoffen wie Schweißbahnen oder Kunststofffolien herzustellen.

Nr.	Frage	Antwort
11	a) Erklären Sie die Konstruktionsart »Umkehrdach«. b) Was ist bezüglich der Wärmedämmung zu beachten? c) Muss die Unterlage für ein Umkehrdach Gefälle aufweisen, wenn ja, wie viel? d) Was ist bezüglich Abdeckung oder Gehbelag zu beachten?	a) Bei einem Umkehrdach liegt die Abdichtungsebene unterhalb der Wärmedämmung. Abdichtung und Dampfsperre bilden eine Einheit. b) Die Wärmedämmung muss aus Hartschaum (XPS) bestehen und darf kein Wasser in flüssiger Form aufnehmen. c) Das Gefälle muss gemäß den Flachdachregeln mindestens 2 % betragen. d) Die Wärmedämmung muss eine erhöhte Dämmschichtdicke aufweisen und ist mit einem Filtervlies oder einer Bautenschutzmatte abzudecken, die eine Beschädigung der Wärmedämmung und ein Unterlaufen von Feinpartikeln verhindern soll. Darauf aufzubringende Abdeckungen oder Gehbeläge müssen diffusionsoffen und so schwer sein, dass ein Aufschwimmen der Wärmedämmung ausgeschlossen wird.

Nr.	Frage	Antwort
12	Erläutern Sie die nachstehenden, für Dächer üblichen Bezeichnungen in Stichworten: a) Traufe b) First c) Giebel d) Ort e) Grat f) Kehle g) Verfallung h) Anfallspunkt i) Walmflächen j) Hauptdachflächen k) Nebendachflächen l) Dachaufbauten. Eine eindeutige Skizze ist ebenfalls möglich.	a) untere Begrenzungslinie einer geneigten Dachfläche b) obere waagerechte Begrenzungslinie beim Schnitt von zwei geneigten Dächern c) senkrechte Wand als Abschluss eines Satteldaches d) Rand am Giebel einer geneigten Dachfläche e) schräge Schnittlinie zwischen zwei geneigten Dachflächen an einer Außenecke f) schräge Schnittlinie zwischen zwei geneigten Dachflächen an einer Innenecke g) Grat, der verschieden hohe Firstenden verbindet h) Punkt, in dem sich mehr als zwei Dachflächen treffen (z. B. Grat/Grat/First beim Walm) i) Dachfläche anstelle eines Giebels als Abschluss eines Daches an einer Breitseite j) Dachfläche mit dem höchsten First bei einem Gebäude aus mehreren Baukörpern k) Dachfläche mit niedrigem First beieinem Gebäude aus mehreren Baukörpern l) über die Grundform eines Daches hinausragende Bauteile (z. B. Gaube)

Nr.	Frage	Antwort
13	In den Fachregeln »Regeln für Dachdeckungen mit Dachziegeln und Dachsteinen« des Zentralverbandes des Deutschen Dachdeckerhandwerks werden unter bestimmten Bedingungen noch zusätzliche Maßnahmen – u. a. auch Unterdächer – verlangt. a) Unter welchen Bedingungen wird ein Unterdach verlangt? b) Wie werden Unterdächer hergestellt? c) Machen Sie hierzu einen Vorschlag, eventuell mit Skizze, wie die Löcher der Nagelung der Konterlatten gegen Eindringen von Wasser, gesichert werden können.	a) Bei Unterschreitung der Regeldachneigung, höherwertiger Nutzung des Dachgeschosses, konstruktiven Besonderheiten, besonderen klimatischen Verhältnissen b) mit wasserdichten Bahnen auf einer Unterlage (z. B. Holzverschalung) c) die Bahnen sind über die Konterlattung zu führen.
14	Nennen Sie die Dachneigungsgruppen mit den jeweiligen Neigungen in Grad gemäß den Fachregeln des Dachdeckerhandwerks.	Folgende Mindestdachneigungen sind einzuhalten: 35° Bibersteine-Doppeldeckung 30° Reformfalz-Doppelmuldenfalzziegel, Biberschwanzziegel 25° Schieferabdeckungen allgemein Faserzement-Dachplatten 22° Flachdachziegel und Dachsteine Schieferdoppeldeckungen 15° Bitumendachschindeln 10° Dreifach verfalzte Dachpfannen 7° Standardwellplatte mit Dichtschnur 2% Flachdächer gemäß Flachdachrichtlinien, Abdichtung mit Schweißbahnen oder Kunststoffbahnen.

Nr.	Frage	Antwort
15	Was verstehen Sie unter Feuerverzinkung?	Eisen- oder Stahlbauteile werden bei der Feuerverzinkung zuerst in ein Säurebad und dann in flüssiges Zink getaucht. Sie erhalten dadurch eine allseitige dünne Schutzschicht aus Zink, die gemäß DIN EN 505 mindestens 75 g/m² Zinkschmelze je Schicht enthalten muss.
16	Bei der Eindeckung von geneigten Dachflächen taucht der Begriff der Doppel-Deckung und der Kronen-Deckung auf. a) Mit welchen Baustoffen können diese Deckungen hergestellt werden? b) Beschreiben Sie kurz den Unterschied zwischen den Deckungsarten. c) Warum sind diese Deckungsarten regensicher? d) Was ist die Regeldachneigung für diese Deckungsarten?	a) Mit Biberschwanziegeln und -dachsteinen b) Doppeldeckung: Auf jeder Dachlatte liegt eine Ziegelreihe. Die dritte Ziegelreihe überdeckt die zweite und die erste. Der Lattenabstand ist halb so weit wie bei der Kronendeckung. Kronendeckung: Auf jeder Dachlatte liegen zwei Ziegelreihen, wobei die erste Reihe in die Dachlatte eingehängt wird und die zweite Reihe in die erste. Der Lattenabstand ist doppelt so weit wie bei der Doppeldeckung (die erforderliche Ziegelanzahl ist bei beiden Deckungsarten fast gleich). c) Durch das Gefälle (Dachneigung) in der wasserableitenden Ebene und die Überdeckung der Fugen (Höhen- und Seitenüberdeckung) zwischen den Werkstoffen (Verlegung im Verband). d) Jeweils 30°

Nr.	Frage	Antwort
17	Worauf ist bei der Dachdeckung mit Bitumen-Werkstoffen hinsichtlich der Verwendung von Zinkblechen für die Klempnerarbeiten zu achten?	Durch den Kontakt von Bitumen mit Regenwasser entsteht die sogenannte Bitumenkorrosion. Das ist insbesondere bei nicht beschieferten Bitumenoberflächen der Fall. Ablaufendes Regenwasser führt beim Kontakt mit ungeschützten Zinkbauteilen zu Korrosion. Zinkbauteile sollten daher bei entsprechender Beanspruchung (Innenflächen von Regenrinnen) mit einem entsprechenden Schutzanstrich versehen werden.
18	Bei Metalldächern in Klempnertechnik aus Al, Cu, St, NrS oder Zn entstehen Längenänderungen. a) Wovon sind Sie abhängig? b) Wie berechnet sich die Dehnung? c) Welche Temperaturdifferenz ist bei der Berechnung anzusetzen? d) Welche Längenänderungen sind überschlägig als Faustform in je Meter Bauteillänge zu erwarten (Erfahrungswert)?	a) Die Längenänderung ist von den Temperaturschwankungen abhängig. b) Die Änderung der Länge errechnet sich nach der Formel: $\Delta L = L \cdot \alpha \cdot (\Delta t)$ • Hierin ist: • ΔL = Längenänderung • L = Bauteillänge • α = Ausdehnungskoeffizient • (Δt) = Temperaturunterschied zwischen • t_{Sommer} und t_{Winter}. c) Es ist eine Temperaturdifferenz von 100 K anzusetzen, wobei man davon ausgeht, dass im Winter $-20\,°C$ und im Sommer $+80\,°C$ erreicht werden. d) Als Längenausdehnungskoeffizienten sind für Zink 0,022 mm/m · K; für Kupfer 0,017 mm/m · K; für Aluminium 0,024 mm/m · K und für Blei 0,029 mm/m · K in Ansatz zu bringen.
19	Was ist ein »Romanokremper«?	Ein Dachziegel.

Nr.	Frage	Antwort
20	a) Wo werden Angaben zur Weite des Überstandes von Wandabdeckungen und Fensterblechen gemacht? b) Welche Maße sind dort genannt?	a) • DIN 18339 Klempnerarbeiten (VOB Teil C) • Flachdachrichtlinien des Dachdeckerhandwerks • Fachregeln des Klempner-Handwerks b) • Überstand mindestens 20 mm. • Überstand in Abhängigkeit von der Gebäudehöhe: 20 mm bis 8 m Gebäudehöhe, 30 mm bis 20 m Gebäudehöhe und 40 mm über 20 m Gebäudehöhe. Der Abstand der Tropfkante von den darunter liegenden Bauteilen muss mindestens 20 mm betragen. Bei der Verwendung von Kupfer beträgt der Mindestabstand 50 mm. Verunreinigungen durch abtropfendes Wasser sind zu vermeiden. Die Abkantung soll Putz, Sichtmauerwerk/-beton, Bekleidungen etc. überdecken, und zwar bei Gebäudehöhen: • bis 8 m mindestens 50 mm • über 8 bis 20 m mindestens 80 mm • über 20 m mindestens 100 mm.
21	Wie sind nach den heutigen Regeln der Technik Türschwellen an Balkonen oder Terrassen zu planen und auszuführen? (Bitte 2 Alternativen in Stichworten oder mit Skizzen darstellen.)	Nach den Flachdachrichtlinien mit einer Anschlusshöhe von 15 cm über Oberfläche Belag. Bei Anordnung einer Entwässerungsrinne unmittelbar vor der Türschwelle mit einer Anschlusshöhe von mindestens 5 cm.
22	Wie sind Anschlüsse von Unterspannbahnen herzustellen?	Unterspannbahnen müssen 50 mm (nicht 150 mm) über die Eindeckung hochgeführt und verwahrt werden.
23	Wann sind Traufbleche erforderlich?	Ein Traufblech ist immer dann erforderlich, wenn die Ziegelüberdeckung über der Dachrinne weniger als 50 mm beträgt.

Nr.	Frage	Antwort
24	Wie viele Abflüsse muss ein Balkon aufweisen?	Mindestens zwei, wobei ein Abfluss als Notablauf in Form eines Speiers ausgebildet werden kann.
25	In welchen Dicken werden Kunststoffbahnen zur Abdichtung von Flachdächern hergestellt und welche Lebenserwartung kann diesen jeweils zugeordnet werden?	• 0,8 mm dick, ca. 8 Jahre • 1,0 mm dick, ca. 15 Jahre • 1,2 mm dick, ca. 18 Jahre • 1,5 mm dick, ca. 23 Jahre • 1,8 mm dick, ca. 25 Jahre • 2,0 mm dick, ca. 25 Jahre • 2,25 mm dick, ca. 25 Jahre Haltbarkeit gilt nur für PVC-Kunststoffbahnen (nach Götze).
26	Warum ist eine Schweißbahnlage, für sich gesehen, nicht dicht? Wodurch wird die Dichtigkeit hergestellt?	Die Schweißbahnen werden zum Transport gerollt. Dadurch reißen die Deckschichten auf. Erst durch das Verschweißen zweier Bahnen entsteht eine homogene dichte Schicht. Aus diesem Grunde muss die Verschweißung immer vollflächig erfolgen.
27	Wodurch altern Schweißbahnen und was ist die Folge?	Der Bitumenanteil in der Schweißbahn baut unter Sonneneinstrahlung (UV-Licht) ab. Dadurch wandern Leichtöle aus. Das Bitumen versprödet und reißt auf. In den Rissen können Samen von Moosen etc. sich besonders gut ansammeln und keimen. Deren Wurzelbildung fördert die weitere Zerstörung der Dachbahnen.
28	Auf welche Art und Weise kann die Sicherung eines Flachdachaufbaus gegen Windsog erfolgen?	• Lose verlegen mit Auflast (Kiesschicht, Plattenbelag etc.) • mechanisch verankern (Breitkopfnägel, Telleranker, Haftleisten, Haftbänder, Klettbänder etc.) • kleben durch Bitumenschmelzkleber, PUR-Schaumkleber etc. Die Verklebung ist streifenförmig durchzuführen. Die unterste Lage darf nicht vollflächig auf dem Untergrund verklebt werden, da ansonsten kein Dehnungsausgleich möglich ist.

Nr.	Frage	Antwort
29	Welche Anforderungen werden an die Ausführung von Kappleisten gestellt?	Kappleisten müssen regensicher sein.
30	Welche Dachneigung können Flachdächer maximal aufweisen?	Als Flachdächer gelten Dächer mit einer Dachneigung bis zu 10°. Bei größeren Dachneigungen gelten die Regelungen für geneigte Dächer.
31	Was versteht man unter einem Schweinsrücken?	Keilförmige Aufdämmung im Anschluss an eine Attika.
32	Sind Bitumenabdichtungen für Balkone und Dachterrassen prinzipiell geeignet? Begründen Sie Ihre Aussage.	Bitumenabdichtungen sind für die Abdichtungen von Balkonen und Dachterrassen ungeeignet, weil • Nahtwülste den Wasserablauf hindern • Eckausbildungen für den Nutzbelag hinderlich sind • die Schweißflamme Türschwellen, Fenster, Geländer etc. verbrennt • Schweißfehler zu kapillaren Undichtigkeiten führen • Bitumenbahnen empfindlich gegen Punktbelastung sind.
33	Können Verwahrungen von Schweißbahnabdichtungen mit Silikon abgedichtet werden?	Silikone sind mit Bitumen nicht verträglich und können daher zur Abdichtung von Schweißbahnverwahrungen nicht benutzt werden.
34	• Welche Materialen zur Abdichtung mittels Kunststoffbeschichtungen kennen Sie? • Welche Güte haben sie? • Was ist bei ihrer Herstellung im Wesentlichen zu beachten?	• Zur Abdichtung mittels Kunststoffbeschichtungen werden im Wesentlichen Polyester (sehr gut), Polyurethan (mittlere Güte) und Acryl (schlecht) verarbeitet. • die Kunststoffbeschichtungen müssen zweilagig mit Armierungsgewebe aufgebaut werden • die Gesamtschichtdicke sollte ca. 2 mm betragen.

Nr.	Frage	Antwort
35	Oftmals werden Absplitterungen auf der Ziegeloberfläche Gegenstand von Mängelrügen. Wie bewerten Sie diese Problematik?	Absplitterungen bis ca. 7 mm Länge stellen keinen Mangel dar, sofern sie mit üblichem Betrachtungsabstand durch einen unvoreingenommenen Betrachter auch nicht sichtbar sind. Absplitterungen sind stets nur ein optischer Mangel und beeinflussen die Dichtigkeit des Dachziegels nicht.
36	Was verstehen Sie unter Bitumenkorrosion?	Durch UV-Strahlung kommt es zu einer Oxidation des Bitumens aus der Schweißbahn und es entstehen stark saure Abbauprodukte. Diese reichern sich auf der Oberfläche an und werden insbesondere durch Tauwasser oder Regen abgeleitet und führen an angrenzenden Zinkbauteilen zu braunen Kränzen (Korrosion). Dadurch kommt es zu Zersetzungen der Zinkbauteile.
37	In welcher Beziehung stehen s_d-Wert von Dampfsperre und Unterspannbahn bei einem Steildach?	Der s_d-Wert der Dampfsperre soll mindestens das Sechsfache der Unterspannbahn betragen. Hat die Dampfsperre einen s_d-Wert von ≥ 100 m, so ist das in der Regel immer sichergestellt.
38	Was verstehen Sie unter Kerb- und Spannungsbrüchen?	Kerb- und Spannungsbrüche, auch Aktivkohle-Effekt genannt, entstehen, wenn Wasser auf Abdichtungen aus Hochpolymer-Abdichtungen (Kunststoffbahnen) steht und sich dadurch Schmutzpartikel ablagern und anreichern. Der Schmutz verursacht Spannungen auf der Oberfläche der Kunststoffbahn.

Nr.	Frage	Antwort
39	Was ist die Ursache für das Entstehen so genannter Dampfblasen?	Wasser dringt in die Zwischenlage von Rohfilzbahnen ein. Es ist auch möglich, dass Wasser zwischen die einzelnen Lagen einer verschweißten Abdichtung gelangt. Durch die Erwärmung bei Sonneneinstrahlung entsteht Wasserdampf, der Druck ausübt und die Blasenbildung bewirkt. Darüber hinaus zerfallen Glasgewebebahnen unter dem Einfluss von Wasser. Daher sind diese Bahnen, wenn überhaupt, nur als Unterbahnen geeignet.
40	Was ist hinsichtlich der Belüftung von Ziegeldächern zu berücksichtigen?	Eine Belüftung von Ziegeleindeckungen ist immer erforderlich. Sie sollte stets zwischen der Ziegeleindeckung und der Unterspannbahn liegen. Eine Belüftung zwischen Unterspannbahn und Wärmedämmung ist deshalb ungünstig, weil dadurch die Wärmedämmung bewegt werden könnte und die erforderlichen Anschlüsse handwerklich nicht herstellbar sind. Die Unterspannbahn sollte einen möglichst niedrigen s_d-Wert aufweisen.
41	Was ist hinsichtlich der Belüftung von Zinkeindeckungen zu berücksichtigen?	Blechdächer aus Zink müssen immer hinterlüftet werden. Zink kann Patina nur im trockenen Zustand bilden. Bleibt die Zinkeindeckung auf ihrer Unterseite dauerhaft nass, so entsteht Korrosion (Weißrost). Als Unterbau von Zinkdächern eignen sich insbesondere besandete Dachbahnen (V13) oder spezielle Zinkunterbahnen (Wirrgewebe) die zugleich eine Antidröhnwirkung aufweisen.

Nr.	Frage	Antwort
42	Was ist bei der Herstellung von Lötnähten zu beachten?	Zinkbleche werden mittels Weichlöten verbunden. Das Zinklot muss kapillar zwischen den beiden zu verbindenden Blechen in einer Tiefe von mindestens 1 cm einlaufen. Das Lot darf nicht in offene Spalten mit einer Breite von über 1 mm eingespachtelt werden.
43	Erklären Sie die Begriffe Unterdach, Unterdeckung, Unterspannung.	Unterdächer, Unterdeckungen und Unterspannungen werden als zusätzliche Maßnahme unterhalb von Dachdeckungen angeordnet, um vor eindringender Feuchtigkeit, Flugschnee und Staub zu schützen. Unterdeckungen können aus Unterdeckplatten oder Unterdeckbahnen bestehen, die Platten bestehen meist aus Holzfaserplatten oder aus Faserzement, die Bahnen als Folien, Vliese oder aus imprägniertem Kraftpapier. Es wird unterschieden zwischen verschweißter oder verklebter Unterdeckung (Platten und Bahnen), überdeckter Unterdeckung mit Bitumenbahnen sowie überlappter und verfälzter Unterdeckung (Platten und Bahnen). Unterdeckungen befinden sich stets unter der Konterlattung. Unterspannungen können als gespannte oder freihängende Folien, Vliese oder imprägnierte Kraftpapiere ausgeführt werden. Verbindung der Bahnen untereinander erfolgt lose überlappend, die Ausführung erfolgt mit Konterlattung (auch bei Bahnen mit Durchhang).

Nr.	Frage	Antwort
44	Unter welchen Voraussetzungen sind Unterdach, Unterdeckung bzw. Unterspannung als Mindestmaßnahme erforderlich?	Abhängig von weiteren, erhöhten Anforderungen (konstruktiven Besonderheiten, Wohnraumnutzung, klimatischen Verhältnissen, örtlichen Bestimmungen) richtet sich der Einsatz der Zusatzmaßnahmen auch nach der Dachneigung im Verhältnis zur Regeldachneigung (RDN). Unterdach: wenn die Regeldachneigung um mehr als 6° unterschritten wird. Unterdeckung: drei erhöhte Anforderungen bei RDN oder zwei erhöhte Anforderungen, wenn Dachneigung ≥ (RDN = 6°) Unterspannung: eine erhöhte Anforderung oder Dachneigung ≥ (RDN = 6°)
45	Nennen Sie Ursachen für das »Altern« von Kunststoff-Dachbahnen.	• Verspröden (von der Oberfläche fortschreitend nach innen, auf Grund von Weichmacherwanderung, die durch Sonneneinstrahlung verursacht wird). • schrumpfen (Bei ihrer Herstellung werden die Kunststoffbahnen in Kalandern gespannt. Diese Spannung baut sich allmählich ab. Dies wird auch Rückstellung genannt). • auskreiden.
46	Worin liegen die Vorzüge von Kunststoffbahnen?	• Hohe Wassersperrfähigkeit im Bahnenquerschnitt • hohe Flexibilität und Dehnfähigkeit • hohe Nahtsicherheit bei Schweißnähten.
47	Wodurch wird die Dauerhaftigkeit von Kunststoffbahnen erhöht?	Durch den Zusatz von Kautschuk (ca. 5 %) wird die Dauerhaftigkeit der Kunststoffbahnen erhöht, die Bahnen werden dadurch aber auch etwas steifer.

Nr.	Frage	Antwort
48	Ist eine einlagige Schweißbahn dicht?	Nein, erst durch das Verschmelzen der Deck- und der Schmelzschichten und gleichzeitiges Aktivieren und Verschmelzen der Tränkung der Trägereinlage entsteht eine geschlossene und wasserhaltende Dichtschicht.
49	Warum soll die erste Schweißbahnlage über der Wärmedämmlage nur punktförmig und in Streifen verklebt werden?	Zum Ausgleich von unterschiedlichem Schrumpfverhalten und zum Dampfdruckausgleich.
50	Wie sind Unterspannbahnen einzubauen?	Unterspannbahnen müssen 50 mm über die Eindeckung hochgeführt und verwahrt werden. Die Befestigung soll mit Breitkopfnägeln erfolgen.
51	Worauf kann man schließen, wenn auf Flachdächern Wasserkränze oder Schmutzränder zu erkennen sind?	Sie sind stets ein Anzeichen dafür, dass regelmäßig Wasser auf dem Dach steht.
52	Warum dürfen Schweißbahnen beim Verschweißen nicht überhitzt werden?	Schweißbahnen dürfen beim Verschweißen nicht überhitzt werden, weil dann die Vlieseinlage reißt oder schmilzt. Daher bedarf es entsprechender Kenntnis und Fertigkeit des ausführenden Handwerkers.
53	Warum müssen Blechdächer unterlüftet werden?	Zink kann Patina nur im trockenen Zustand bilden. Bleibt Zink dauerhaft nass, kommt es zu Korrosion (Weißrost). Ein guter Unterbau ist eine besandete Schweißbahn (V13) oder spezielle Zinkunterbahnen/Wirrgelege die zudem noch Antidröhneigenschaften haben.

19 Schadstoffe im Bauwesen

Nr.	Frage	Antwort
1	Was ist Asbest? Wozu wurde er bautechnisch angewandt und worin liegt seine Gefahr?	Abgebaut wird Asbest im Erdreich insbesondere in Kanada, Russland und Südafrika. Aus diesem Rohstoff lassen sich Materialien herstellen, die sich insbesondere für Zwecke des Brandschutzes eignen. Asbest ist weiß bis gräulich. In Gebäuden in wird in fester oder seltener in schwach gebundener (flockiger) Form verwendet und ist nicht giftig, besteht aber aus extrem kleinen lungengängigen Fasern. Asbest ist jedoch nicht giftig. Da die extrem kleinen Fasern bei Freisetzung aber in der Luft schweben, können sie leicht eingeatmet werden. Diese Fasern setzen sich dann in der Lunge fest und führen vielfach zu Lungenkrebs. Asbest ist ohne Laboruntersuchungen nicht durch bloße Inaugenscheinnahme der Gebäudeteile nachweisbar.

Nr.	Frage	Antwort
2	In welche zwei Gruppen unterscheidet sich verbauter Asbest? Nennen Sie Beispiele.	Festgebundene Asbestfasern • Faserzementplatten, Welleternit oder sonstige Eternitplatten • Ältere Elektro-Speicherheizgeräte (Nachtspeicheröfen) der Herstellungsjahre 1959 bis 1977 enthalten u. a. schwachgebundene asbesthaltige Bauteile wie Dichtschnüre, die in Bereichen mit wechselnden Temperaturen verwendet werden. • Dicht- und Dämmpappen wurden verlegt in Heizkörpernischen (meist hinter Holzverkleidungen), im Dachbereich und überall dort, wo gedichtet und/oder gedämmt wurde. Schwach gebundene Asbestfasern • Spritzbeschichtungen von Holzbalken und anderen Bauteilen für den vorbeugenden Brandschutz. Diese wurden u. a. während des 2. Weltkrieges in Dächern von städtischen Häusern eingesetzt. • als Brandschutz in Lüftungs- und Klimaanlagen, Brandschutz von Stahlbauteilen, in Dunstabzugshauben von Großküchen.
3	Wer darf Asbest ausbauen oder bearbeiten?	Die Sanierung von asbestbelasteten Gebäuden oder/und Bauteilen und die diesbezügliche Entsorgung unterliegen strengsten behördlichen Auflagen. Die Arbeiten können nur von lizenzierten Fachfirmen mit Sachkundenachweis und geschultem Personal unter der Beaufsichtigung eines ö.b.u.v. Sachverständigen für Asbestsanierung und unter Einschaltung des Amtes für Arbeitsschutz durchgeführt werden.

Nr.	Frage	Antwort
4	Welche grundsätzlichen Maßnahmen sind bei der Asbestsanierung vorzusehen?	Zur Durchführung der Sanierungsarbeiten werden die betroffenen Bereiche hermetisch abgeschlossen. Die Arbeiten werden bei Unterdruck und ständiger Entlüftung durchgeführt. Die ausführenden Arbeiter müssen in Spezialkleidung und mit Atemschutzgeräten die Sanierung vornehmen. Der Asbest wird in spezielle Kunststoffsäcke (Big-Bags) verpackt und auf Deponien entsorgt.
5	Was ist Formaldehyd und wie und wo wurde es bautechnisch angewandt?	Formaldehyd (chemische Bezeichnung: Methanal) ist das einfachste Aldehyd. In der Natur kommt Formaldehyd, auch Formalin genannt, als Stoffwechselzwischenprodukt in Zellen vor. Bei erwachsenen Menschen werden ca. 50 g dieses Stoffes pro Tag gebildet und wieder abgebaut. In Früchten und vor allem im Holz entsteht Formaldehyd und wird – je nach Jahreszeit – unterschiedlich stark gebunden, gespeichert bzw. wieder abgegeben. Bei jeder (unvollständigen) Verbrennung entsteht ebenfalls Formaldehyd. Technisch wurde Formaldehyd als Lösungsmittel in Klebstoffen, Lacken und Anstrichen eingesetzt.
6	Welche Möglichkeiten zur Reduzierung der Formaldehydkonzentration in der Innenraumluft gibt es?	• Vermehrt lüften, am besten über eine Lüftungsanlage. • Die Aminosäuren von Wolle kann Formaldehyd binden. Dabei reagieren die Formaldehyd-Moleküle mit den Mikrofibrillenproteinen sowie mit Aminosäuren. Das in der Raumluft vorhandene Formaldehyd wird so dauerhaft eliminiert. • Ausbau der emittierenden Materialien.

Nr.	Frage	Antwort
7	Welche gesundheitlichen Folgen hat Formaldehyd?	Mögliche Reiz- bis Ätzwirkung auf Augen und Haut, hautsensibilisierende Wirkung, Reizwirkung im Atemtrakt, Kopfschmerzen und Übelkeit, ggf. allergische Hauterkrankungen.
8	In welchen Baustoffen ist Formaldehyd zu erwarten?	• Holzwerkstoffplatten • Dämmstoffe • Bindemittel in Leimen und Kunstharzen
9	Was ist Lindan und wo wurde es angewandt?	Lindan (γ-Hexachlorcyclohexan), durch additive Chlorierung von Benzol hergestellt, gehört zur Gruppe der Halogenkohlenwasserstoffe und wird seit 1942 verwendet.
10	Welche gesundheitlichen Folgen hat Lindan?	Reizwirkungen (Augen), Befindlichkeitsstörungen, neurotoxische Wirkungen, Veränderungen des Blutbildes.
11	In welchen Baustoffen ist Lindan zu erwarten?	• Im Holz als Holzschutzmittel in Anstrichen (Lasuren), Holzschutz-Imprägnierungen Zum Beispiel bei: • Lattungen und Ständerwerke in Innen- und Außenwänden • Lattungen und Balken im Dachbereich • Lattungen und Balken im Deckenbereich • Unterböden • Holzfenster, Holzaußentüren • Holztreppen, Holzgeländer (innen und außen) • Holzfußböden • Holzverkleidungen

Nr.	Frage	Antwort
12	Was sind PAK und wurden diese bautechnisch eingesetzt?	Stoffgruppen, die aus mind. zwei verbundenen aromatischen Ringsystemen bestehen, nennt man Polyzyklische aromatische Kohlenwasserstoffe, kurz PAK. PAK sind Bestandteile von Kohle, Teer und Erdölen. PAK können auch bei unvollständigen Verbrennungen wie beim Rauchen oder Grillen entstehen. Es gibt mehrere hundert PAK, 16 davon werden i. d. R. bei Innenraummessungen stellvertretend analysiert. Stoffe auf Basis von Steinkohleteer bzw. -pech wie Parkett-Klebstoffe, Teerasphaltestriche, Homogenasphaltplatten weisen ebenfalls einen sehr hohen PAK-Gehalt auf und wurden früher oft im Gebäudebereich in Dach-, Dämm- und Dichtungsbahnen sowie in Teerkork verwendet.
13	Welche gesundheitlichen Folgen haben PAK?	PAK wirken entfettend, können zu Hautentzündungen und Hornhautschädigungen führen sowie Augen, Atemwege und den Verdauungstrakt reizen. Einige PAK sind krebserregend, darüber hinaus besteht die Gefahr der Reduzierung der Fortpflanzungsfähigkeit und der Fruchtschädigung.

20 Normen und Richtlinien

Nr.	Frage	Antwort
1	Was bedeutet DIN?	Deutsches Institut für Normung
2	Was bedeutet ATV DIN 18299? Was ist ihr Inhalt und in welches Regelwerk wurde sie eingegliedert?	Es handelt sich hierbei um Allgemeine Technische Vertragsbedingungen für Bauleistungen (ATV). Ihr Inhalt sind allgemeine Regelungen für Bauleistungen. Sie wurde in die VOB, Teil C eingegliedert.
3	Maßtoleranzen für den Hochbau sind in DIN 18202 »Toleranzen im Hochbau; Bauwerke«, Ausgabe April 1997 genormt. • Welche Arten von Toleranzen sind in den drei maßgeblichen Tabellen dieser Norm geregelt? • Geben Sie ein Beispiel für die Art und Größenordnung einer darin festgelegten Regelung.	• Grenzabmaße; Öffnungen für Fenster • 12 mm bei Nennmaß bis 3 m • Winkeltoleranzen: Flächen bis 6 mm bei Nennmaß bis 1 m; • Ebenheitstoleranzen: Flächenfertige Wände • Stichmaß von 5 mm bei 1 m Abstand.
4	Sie haben beanstandete Maßabweichungen an Bauteilen im Wohnungsbau zu prüfen: a) Ebenheit einer Rohdecke b) Abweichungen von der horizontalen Lage einer Rohdecke. 1) Wie prüfen Sie die beanstandeten Bauteile (Methode, Verfahren, Gerät)? 2) Welche Kriterien legen Sie Ihrer Beurteilung zugrunde (Rahmen oder Richtlinientabelle)?	1) a) durch stichprobenartige Bestimmung von Stichmaßen mit Meßlatte und Metallkeil b) durch stichprobenartige Bestimmung von Stichmaßen mit Wasserwaage und Messkeil oder mit Nivelliergerät 2) DIN 18202 »Toleranzen im Hochbau«: a) Ebenheitstoleranzen b) Winkeltoleranzen.

Nr.	Frage	Antwort
5	Welche technischen Vorschriften nach DIN 18065 »Gebäudetreppen« sind bei der Baukontrolle oder der Abnahme einer geradeläufigen notwendigen Treppe zu Aufenthaltsräumen in einem Wohngebäude mit nicht mehr als zwei Wohnungen zu prüfen? (Nennen Sie mindestens 4 verschiedene wesentliche technische Anforderungen)	• Laufbreite • Steigung • Auftritt • Steigungsverhältnis • Geländerhöhe • lichte Durchgangshöhe
6	Sind DIN-Normen Allgemein anerkannte Regeln der Bautechnik?	DIN-Normen sind technische Regelwerke, die durch ihr Zustandekommen auf einem breiten Konsens der Fachöffentlichkeit basieren und deshalb zum Zeitpunkt der Veröffentlichung mit großer Wahrscheinlichkeit eine Allgemein anerkannte Regel der Technik wiedergeben. DIN-Normen werden aber nicht ständig aktualisiert und können deshalb durch neuere, andere Regelwerke (Fachregeln, Merkblätter, Richtlinien) überholt sein. Deshalb sind DIN-Normen nicht automatisch anerkannte Regeln der Technik.

Nr.	Frage	Antwort
7	Was sind technische Baubestimmungen?	Die Liste der Technischen Baubestimmungen enthält technische Regeln für die Planung, Bemessung und Konstruktion baulicher Anlagen und ihrer Teile, deren Einführung als Technische Baubestimmungen auf der Grundlage des § 3 Abs. 3 MBO1 erfolgt. Technische Baubestimmungen sind allgemein verbindlich, da sie nach § 3 Abs. 3 MBO1 beachtet werden müssen. Es werden nur die technischen Regeln eingeführt, die zur Erfüllung der Grundsatzanforderungen des Bauordnungsrechts unerlässlich sind. Die Bauaufsichtsbehörden sind allerdings nicht gehindert, im Rahmen ihrer Entscheidungen zur Ausfüllung unbestimmter Rechtsbegriffe auch auf nicht eingeführte Allgemein anerkannte Regeln der Technik zurückzugreifen. Die technischen Regeln für Bauprodukte werden nach § 20 Abs. 2 MBO1 in der Bauregelliste A bekannt gemacht.
8	Was bedeutet das Kürzel CEN?	CEN steht für Comité Européen de Normalisation (Europäisches Komitee für Normung). Mitglieder sind die nationalen Normungsinstitutionen der Staaten der Europäischen Union und der EFTA-Länder.
9	Welchen Zweck hat die Bauproduktenrichtlinie?	Mit der Bauproduktenrichtlinie hat die Europäische Gemeinschaft die Voraussetzungen für den freien Warenverkehr und die Verwendung von Bauprodukten und Bauarten in den Mitgliedsländern geschaffen. Die Richtlinie ist durch das Bauproduktengesetz in nationales Recht umgesetzt worden und regelt das Inverkehrbringen von und den Handel mit Bauprodukten.

Nr.	Frage	Antwort
10	Wann ist eine bauaufsichtliche Zulassung erforderlich?	Bauarten, die von Technischen Baubestimmungen wesentlich abweichen oder für die es Allgemein anerkannte Regeln der Technik nicht gibt (nicht geregelte Bauarten), dürfen bei der Errichtung, Änderung und Instandhaltung baulicher Anlagen nur angewendet werden, wenn für sie eine bauaufsichtliche Zulassung vorliegt.
11	Welche technische Bereiche werden in den folgenden Normen behandelt (der genaue Wortlaut der Normen ist **nicht** verlangt). DIN 4095 DIN 4102 DIN 4108 DIN 4109 DIN 1045 DIN 1052 DIN 1053 DIN 105 DIN 1986 DIN 1164 DIN 18559 DIN 18195 DIN 18540 DIN 68800	DIN 4095 Dränagen DIN 4102 Brandverhalten DIN 4108 Wärmeschutz DIN 4109 Schallschutz DIN 1045 Tragwerke aus Beton DIN 1052 Holzbauwerke DIN 1053 Mauerwerk DIN 105 Mauerziegel DIN 1986 Entwässerungsanlagen DIN 1164 Zement DIN 18559 Wärmedämm-Verbundsysteme DIN 18195 Bauwerksabdichtungen DIN 18540 Abdichten Außenwandfugen DIN 68800 Holzschutz

Nr.	Frage	Antwort
12	Welche Bedeutung bezüglich ihrer Anwendung haben folgende Veröffentlichungen des Deutschen Instituts für Normung: a) Normentwurf? b) Vornorm? c) Norm? d) Beiblatt zur Norm?	a) Der Normentwurf ist das vorläufige abgeschlossene Ergebnis der Normungsarbeit, das der Öffentlichkeit zur Stellungnahme mit einer bestimmten Frist vorgelegt wird. b) Eine Vornorm ist eine technische Regel, die nicht zum Deutschen Normenwerk gehört, zu der noch Vorbehalte hinsichtlich der Anwendung bestehen und nach der versuchsweise gearbeitet werden kann. Der Inhalt der Vornorm wird in der Regel nach zwei Jahren überprüft. c) Die DIN-Norm ist das endgültige Ergebnis der Normungsarbeit. Zu einer Norm können unter derselben DIN-Zählnummer mehrere Teile gehören. Die DIN-Normen werden spätestens alle fünf Jahre überprüft. d) Das Beiblatt zu einer DIN-Norm enthält Informationen, z. B. Erläuterungen, Beispiele, Anmerkungen, Ratschläge, Anwendungshilfsmittel und Ähnliches zu einer Norm, jedoch keine, gegenüber der DIN-Norm, zusätzlichen genormten Festlegungen.

21 Quoten und Minderwerte

Nr.	Frage	Antwort
1	Geben Sie die Bedeutung/Unterschied von nachfolgend genannten ›modalen Hilfsverben‹ an: muss/muss nicht müsste/müsste nicht darf/darf nicht dürfte/dürfte nicht soll/soll nicht sollte/sollte nicht kann/kann nicht könnte/könnte nicht	Die PNE-Regeln (présentation des normes européennes) regeln den Gebrauch so genannter modaler Hilfsverben wie folgt:

Verb   **Bedeutung**

Verb	Bedeutung
muss	zwingend
muss nicht	nicht zwingend
müsste	Empfehlung
darf/darf nicht	zwingend
soll/soll nicht	zwingend/ zwingend nicht
sollte/sollte nicht	Empfehlung
kann/kann nicht	Empfehlung
könnte/könnte nicht	Hinweis, Vorschlag

Nr.	Frage	Antwort
2	Was ist ein Toleranzmaß?	Das Toleranzmaß ist die Differenz zwischen Mindest- und Höchstmaß.
3	Welchen Anteil an der Schadensregulierung hat ein bauleitender Architekt bei folgender Konstellation: »Durchschnittlicher Ausführungsfehler, bei normaler Bauaufsicht feststellbar«?	Ca. 20 % der Schadensumme gehen zu Lasten des bauleitenden Architekten, der Rest geht zu Lasten des Unternehmers.
4	Definieren Sie den Begriff »merkantiler Minderwert«.	Auch nach vollständiger Mängelbeseitigung kann ein weiterer Minderwert bestehen, der im allgemeinen Sprachgebrauch als merkantiler Minderwert bezeichnet wird. Dieser Minderwert hat meist psychologische Hintergründe. Nach der Rechtsprechung des BGH liegt der merkantile Minderwert in der Minderung des Verkaufswerts einer Sache. Die Annahme des merkantilen Minderwerts beruht auf der Lebenserfahrung, dass ein einmal mit Mängeln behaftet gewesenes Gebäude, trotz sorgfältiger und vollständiger Reparatur im Geschäftsverkehr vielfach niedriger bewertet wird.

Nr.	Frage	Antwort
5	Was bedeuten die bei der Sachverständigentätigkeit immer wieder auftretenden Begriffe »Neu für Alt« und »Sowieso-Kosten«?	Dadurch, dass durch grundsätzlichen Austausch oder vollständige Erneuerung eine praktisch neuwertige Leistung geschaffen wird, kann dem Besteller ein Vorteil dadurch erwachsen, dass die übliche Abnutzung nicht mehr gegeben ist und die übliche Gebrauchsdauer verlängert wird. Diesen Vorteil muss sich der Besteller durch einen Abzug »Neu für Alt« anrechnen lassen. Beruhen Mängel auf Planungsfehlern, der Verletzung werkvertraglicher Hinweispflichten des Bauunternehmers (z. B. verfehlten Leistungsverzeichnissen, Baustoffanwendungen usw.), auf falschen Vorgaben des Auftraggebers, welchen durch Hinweis nicht widersprochen wurde, sowie z. B. auf Fehlern des Vorgewerks, entstehen bei der Mängelbeseitigung in der Regel (so genannte) »Sowieso-Kosten«. Hierunter versteht man die Kosten, die zum Zeitpunkt der Erstellung des Bauvorhabens ohnehin angefallen wären, d. h., wenn man die Leistung gleich richtig gemacht hätte.
6	Aus welchem Blickwinkel sind optische Mängel grundsätzlich zu beurteilen?	Optische Mängel sind immer aus dem üblichen Betrachtungswinkel, aus üblicher Entfernung und bei üblichen Belichtungsverhältnissen zu überprüfen.
7	Welche Mängel sind grundsätzlich nachzubessern?	Alle Mängel, die die Gebrauchstauglichkeit beeinträchtigen sind grundsätzlich nachzubessern. Gleiches gilt, wenn eine ausdrückliche vertragliche Forderung nicht eingehalten wurde.
8	Ein Mangel ist kaum erkennbar und befindet sich an einem eher unwichtigen Bereich. Wie ist dieser Umstand zu werten?	Es handelt sich um eine vernachlässigbare Bagatelle. Es braucht, vorbehaltlich einer gerichtlichen Würdigung, weder nachgebessert noch ein Minderwert in Ansatz gebracht werden.

Nr.	Frage	Antwort
9	Sachverhalt: Ein Stuckateurbetrieb hat in einem Neubau eines Bürogebäudes Metallständerwände mit Gipskartonplattenbeplankung nach Leistungsverzeichnis Position 1 hergestellt. Ein Malerbetrieb hat auf dieser Beplankung die Malerarbeiten nach Leistungsverzeichnis Position 2 ausgeführt. Vertragsgrundlagen waren für beide Aufträge die vom Architekten erstellten Leistungsverzeichnisse und die VOB Ausgabe 1988, somit für die Stuckateurarbeiten DIN 18350, und für die Malerarbeiten DIN 18363. Der Bauherr beanstandete bei der Abnahme der Malerarbeiten, die bei Streiflicht sichtbar werdenden Unebenheiten der Wandoberflächen. Sie wurden vom Bauherren beauftragt, als Sachverständiger zu folgenden Fragen Stellung zu nehmen: • Liegt hier ein Mangel vor? • Wenn ja, wer hat ihn zu vertreten?	Wurden keine über die vereinbarten DIN-Normen hinausgehenden Vereinbarungen getroffen und insbesondere keine Regelungen hinsichtlich des Einfalls von Streiflicht vorgenommen, so liegt hier weder ein Mangel vor, den der Stuckateur noch der Maler zu verantworten hat. Um derartige optische Erscheinungsbilder zu vermeiden, hätte es einer besonderen Vereinbarung bedurft.

Nr.	Frage	Antwort
10	Definieren Sie in kurzer Form folgende Begriffe: • Technischer Minderwert • Minderung.	Der Sinn technischer Regeln ist es, die Zuverlässigkeit der jeweiligen Bauweise sicher zu stellen. Der Sinn liegt nicht darin, ausreichende Funktionsfähigkeit nur während der Gewährleistungsfrist zu erreichen. Eine volle Gebrauchsfähigkeit ist immer für die übliche technische Lebensdauer einer Bauweise bei üblicher Unterhaltung oder Wartung auch bei ungünstigen Extrembeanspruchungen gefordert. Wird diesen Forderungen nicht entsprochen, so liegt ein technischer Minderwert vor. Eine Minderung stellt den Ersatz für eine ganz oder teilweise nicht erbrachte Vertragsleistung in Geld dar.
11	Was verstehen Sie unter ungeregelten Bauverfahren?	Alle Regeln im Bauwesen sollen sicherstellen, dass die übliche Bauqualität erreicht wird, die bei durchschnittlicher handwerklicher Sorgfalt, beim Ineinandergreifen verschiedener Gewerke, bei üblicher Nutzung und ordnungsgemäßer Instandhaltung, über die übliche Lebensdauer dieser handwerklichen Leistung erreicht wird. Diese Regeln sind also eine Hilfestellung für den Planer und Bauausführenden. Eine von diesen Regelwerken abweichende Planung oder Ausführung der handwerklichen Leistungen ist für sich gesehen nicht zwangsläufig Mangel behaftet. Wesentliches Kriterium ist immer die Gebrauchstauglichkeit einer Leistung. Ist diese gegeben, auch wenn beispielsweise von einer Norm abgewichen wurde, so ist das Werk mangelfrei.

Nr.	Frage	Antwort
12	Was verstehen Sie unter Substitution?	Die Substitution bestimmter Materialien, das heißt also die Verwendung anderer Baustoffe als im Leistungsverzeichnis oder im Plan vorgesehen, stellt zunächst eine nicht dem Vertrage entsprechende Leistung dar. Zunächst muss hier überprüft werden, ob und inwieweit die tatsächlich verwendeten Materialien (z. B. bei einem Flachdach die einzelnen Dachbahnen) auch den anerkannten Regeln der Technik entsprechen und gleichwertig sind, wobei gleichwertig nicht nur bedeutet, dass sie die gleichen technischen Eigenschaften haben, sondern auch von den Kosten her gleichwertig sind, so dass eventuell als Minderwert die Preisdifferenz zwischen den beiden Materialien anzusetzen ist.

Nr.	Frage	Antwort
13	Sie sind als Sachverständiger bei der Abnahme eines neu gebauten Einfamilienreihenhauses im Auftrag des Erwerbers beratend tätig. Der Erwerber beanstandet, dass die nicht tragende Innenwand (10 cm Gipsdielenwand tapeziert) zwischen der Hauseingangsdiele und dem angrenzenden WC offensichtlich nicht genau rechtwinklig zur Außenwand erstellt ist, was sich beidseitig daran zeigt, dass die zu dieser Wand benachbarten Fugen im Bodenfliesenbelag (Format 30/30) zu dieser Wand nicht genau parallel verlaufen, sondern schräg mit einem Stichmaß von 2 cm, bezogen auf 2 m Wandlänge, wobei die Breite der angeschnittenen Fliesenreihe in der Breite von 3 auf 5 cm differiert (beidseitig). Ansonsten sind Beeinträchtigungen in diesem Zusammenhang nicht erkennbar. Wie beurteilen Sie diesen Sachverhalt? a) Welche Kriterien legen Sie Ihrer Beurteilung zugrunde (gegebenenfalls welche Regelwerke)? b) Liegt ein Fehler der Bauleistung vor oder nur eine hinzunehmende Unzulänglichkeit? c) Für den Fall, dass Sie einen Fehler der Bauleistung konstatieren, welche Maßnahmen oder Folgerungen schlagen Sie als Berater Ihres Auftraggebers und dem anwesenden Vertreter des Bauträgers vor?	Wenn im Vertrag nichts anderes geregelt ist, gilt als Beurteilungsgrundlage DIN 18202 »Toleranzen im Hochbau«. a) Nach Tabelle 1, Zeile 1 sind für Maße im Grundriss Toleranzen von ±12 mm bei Längen von 3 m zulässig. Bezüglich Abweichungen vom rechten Winkel gilt Tabelle 2 – Winkeltoleranzen, Zeile 1, wonach bis 3 m Länge nur eine Winkelabweichung mit einem Stichmaß von 8 mm zulässig ist. b) Wenn das Nachmessen der lichten Maße in den beiden Räumen diese Maßabweichungen bestätigt, dann sind die oben angeführten Toleranzen überschritten. Es liegt ein Mangel der Bauleistung vor. c) Primär ist bis zur Abnahme der Ersatz der mangelhaften Leistung durch eine mangelfreie Leistung geschuldet. Der Aufwand für den Ausbau und die Erneuerung der Gipsdielenwand beträgt, überschlägig geschätzt bei 6 m² Fläche und 200,00 €/m², etwa 1 200,00 € (netto). Falls eine der Vertragsparteien sich auf Unverhältnismäßigkeit der Behebungskosten in Relation zum Grad der Beeinträchtigung oder auf Unzumutbarkeit beruft, so kommt die Frage einer eventuellen Minderung auf. Falls der Sachverständige beauftragt wird, die Höhe des Minderwertes zu schätzen, so kommt ein Betrag in Höhe von etwa 400,00 € in Betracht, weil es sich im Wesentlichen nur um eine optische Beeinträchtigung handelt, welche hier mit 1/3 der oben genannten Bemessungsgrundlage eingeschätzt wird.

22 Ergänzende Hinweise zum Ablauf des Fachgremiums

22.1 Grundsätze für die Überprüfung von Sachverständigen für »Schäden an Gebäuden«

Immer dann, wenn die besondere Sachkunde eines Bewerbers oder einer Bewerberin über-prüft werden muss, schalten die Industrie- und Handelskammern entsprechende Fach-gremien ein. Dazu haben die Industrie- und Handelskammern ein Muster einer »Geschäfts- und Verfahrensordnung« geschaffen, die eine bundeseinheitliche Verwaltungspraxis bei der Einschaltung eines Fachgremiums gewährleisten soll. Der kursive Wortlaut der »Grundsätze« wird im Folgenden angefügt (Quelle: Buch für Sachverständigenwesen, 2006):

»Grundsätze für die Überprüfung der besonderen Sachkunde von Sachverständigen«

Die öffentliche Bestellung und Vereidigung von Sachverständigen wird in § 36 Gewerbeordnung geregelt. Zweck dieser Vorschrift ist es sicherzustellen, dass Gerichte, Behörden, Wirtschafts-unternehmen und Privatpersonen für die Erstellung von Gutachten und andere Sachverstän-digenleistungen auf einen Personenkreis zurückgreifen können, dessen besondere Fachkunde und persönliche Eignung von »einer dazu vom Gesetzgeber autorisierten Stelle (Industrie- und Handelskammern, Handwerks-, Landwirtschafts-, Architekten- und Ingenieurkammern, z. T. auch Behörden) eingehend überprüft wurde. Potenzielle Auftraggeber sollen sich auf die besondere Qualifikation dieser Sachverständigen verlassen können. Eine erfolgreiche und beanstandungsfreie Berufsausübung reicht, das hat die Rechtsprechung wiederholt bestätigt, zum Nachweis der besonderen Sachkunde nicht aus. Die Kammern müssen sich vielmehr davon überzeugen, dass öffentlich bestellte Sachverständige überdurchschnittliche Fachkenntnisse und die Fähigkeit, sich schriftlich und mündlich klar und verständlich auszudrücken, besitzen. Die Bestellungskörperschaften gehen bei der Überprüfung der besonderen Sachkunde nicht schematisch vor, sondern differenziert nach der Persönlichkeit des Bewerbers. In jedem Fall nehmen sie zur Überprüfung der besonderen Sachkunde zunächst Einsicht in Zeugnisse, Diplo-me und Tätigkeitsnachweise (in erster Linie bereits erstellte Gutachten, aber auch andere Ver-öffentlichungen oder Ausarbeitungen, die geeignet sind, den Nachweis besonderer Sachkunde zu ermöglichen). Bereits erstattete Gutachten werden von Fachleuten auf Nachvollziehbarkeit und Folgerichtigkeit überprüft. Sie holen vertrauliche Auskünfte, insbesondere bei früheren Auftraggebern, Arbeitgebern und Fachkollegen ein. Diese Informationen helfen den Kammern, sich ein erstes Bild von der Sachkunde eines Bewerbers zu machen. Im negativen Fall recht-fertigen sie bereits die endgültige Ablehnung des Antrags oder den Rat an den Bewerber, den Antrag von sich aus nicht weiterzuverfolgen oder ihn zunächst zurückzustellen. Kann aufgrund der Qualität der vorgelegten Unterlagen und der über den Bewerber eingeholten Auskünfte das Vorliegen besonderer Sachkunde, d. h. einer deutlich über dem Durchschnitt der Berufskollegen herausragenden Qualifikation bejaht werden, wird die Bestellungskörperschaft die Bestellung vornehmen, in den meisten Fällen erweist sich jedoch, dass diese Nachweise nicht ausreichen, um positiv das Vorliegen der besonderen Sachkunde nachzuweisen. Die Kammern haben des-halb in allen wichtigen Sachgebieten Gremien geschaffen, die sie bei ihrer Entscheidung über die fachliche Eignung von Bewerbern beraten.

Diesen sogenannten »Fachgremien« (oder »Fachausschüssen«) gehören Fachleute der jeweiligen Sachgebiete an, die der bestellenden Kammer gegenüber eine Stellungnahme abgeben, ob ein Bewerber über die besondere Sachkunde im Sinne von § 36 Gewerbeordnung verfügt. Als Beurteilungsgrundlagen dienen den Gremien im Regelfall bereits früher vom Bewerber erstellte Gutachten, die schriftliche Beantwortung von Fachfragen, die Ausarbeitung eines vorgegeben Gutachtenfalles unter Aufsicht und ein Fachgespräch mit dem Bewerber. Einige Fachgremien verzichten auf schriftliche Ausarbeitungen unter Aufsicht und führen eine besonders eingehende mündliche Befragung durch.

Bei der Zusammensetzung und der Arbeit dieser Gremien müssen bestimmte Regeln für ein ordnungsgemäßes Verfahren eingehalten werden, das im Streitfall einer verwaltungsgerichtlichen Nachprüfung standhält. In diesem Sinne sollen die nachstehenden Grundsätze und Mindestinhalte für eine Geschäfts- und Verfahrensordnung die Bildung von Fachgremien erleichtern und sicherstellen, dass die Überprüfung der besonderen Sachkunde unabhängig von einem speziellen Sachgebiet bundesweit nach einer möglichst einheitlichen Verfahrensweise erfolgt.

22.2 Geschäfts- und Verfahrensordnung für das Fachgremium

Die Durchführung der Überprüfung der besonderen Sachkunde ist in folgender Geschäfts- und Verfahrensordnung geregelt:

Geschäfts- und Verfahrensordnung der ... für das Fachgremium »...«

1

Aufgaben des Fachgremiums

1.1

Das Fachgremium hat die Aufgabe, im Rahmen des Bestellungsverfahrens die besondere Sachkunde und fachliche Eignung von Sachverständigen auf dem Gebiet »...« (§ 36 GewO) zu begutachten.

1.2

Es kann auch die besondere Sachkunde bereits öffentlich bestellter Sachverständiger überprüfen (z. B. in Beschwerdefällen).

1.3

Das Fachgremium gibt in den ihm vorgelegten Fällen eine unabhängige gutachterliche Stellungnahme gegenüber der für die öffentliche Bestellung eines Bewerbers zuständigen Kammer ab. Dem Bewerber wird das Ergebnis im Termin durch das Fachgremium nur mitgeteilt, wenn die für die öffentliche Bestellung zuständige Kammer vorher ausdrücklich zugestimmt hat.

2
Geschäftsführung
Die Geschäftsführung des Fachgremiums liegt bei der ...

3
Berufung der Fachgremiumsmitglieder

3.1
Das Fachgremium besteht aus bis zu ... Mitgliedern, die aufgrund ihrer Ausbildung, Tätigkeit und Erfahrung besonders geeignet sind, die besondere Sachkunde im Sinne von §3 Abs. 2d Mustersachverständigenordnung des/der ... auf dem Sachgebiet ... zu überprüfen.

3.2
Die Mitglieder des Fachgremiums werden von der geschäftsführenden Kammer für die Dauer von ... Jahren berufen. Eine Wiederberufung durch die geschäftsführende Kammer ist zulässig.

4
Verschwiegenheit
Die Mitglieder des Fachgremiums haben über alle ihnen in dieser Eigenschaft bekannt gewordenen Tatsachen, insbesondere über die Beratungen und Abstimmungen in den Sitzungen auch nach Beendigung der Amtszeit Stillschweigen zu bewahren (Hinweis: Die Mitglieder von Fachgremien sollten darüber hinaus förmlich nach dem Verpflichtungsgesetz verpflichtet werden).

5
Zusammensetzung und Beschlüsse

5.1
Das Fachgremium wird tätig in der Besetzung von ... (in der Regel drei) Mitgliedern. Es ist zulässig, im Einzelfall weitere Mitglieder hinzuzuziehen.

5.2
Die geschäftsführende Kammer entscheidet über die Zusammensetzung gemäß Ziffer 5.1 und setzt im Einvernehmen mit den Fachgremiumsmitgliedern die Termine fest.

5.3
Das Fachgremium beschließt mit der einfachen Mehrheit seiner Mitglieder.

5.4 (Optional)
Die Beschlussfassung im schriftlichen Verfahren ist zulässig, wenn keines der Mitglieder widerspricht.

6

Gegenstand der Überprüfung

(Abhängig vom Sachgebiet, daher nur als Beispiel) Gegenstand der Überprüfung sind die fachlichen Bestellungsvoraussetzungen sowie die Richtlinien für die Überprüfung der besonderen Sachkunde (soweit vorhanden) auf dem Sachgebiet ... in ihrer jeweils aktuellen Fassung.

7

Gliederung der Überprüfung

(Aufgrund der unterschiedlichen Arbeitsweise der Fachgremien kann hier kein allgemeinverbindlicher Vorschlag gemacht werden. Die nachfolgende Formulierung ist daher als Beispiel und Anregung zu verstehen.)

Der Bewerber hat das Vorliegen der besonderen Sachkunde durch Vorlage bereits erstellter Gutachten (und/oder anderer Veröffentlichungen, die geeignet sind, seine besondere Sachkunde nachzuweisen) und durch Lösung von der Gutachterpraxis entsprechenden Aufgabenstellungen nachzuweisen. Die Überprüfung kann sich in bis zu drei Teile gliedern. Diese setzen sich wie folgt zusammen:

I

Aufgrund der vom Bewerber vorgelegten Unterlagen wird seine Fähigkeit, Gutachten auf dem Sachgebiet ... zu erstellen, nachgeprüft. Vorgelegte Gutachten müssen den Anforderungen gem. Ziffer ... der fachlichen Bestellungsvoraussetzungen entsprechen. Der Bewerber kann neben/statt den Gutachten andere schriftliche Ausarbeitungen vorlegen, die geeignet sind, seine besondere Sachkunde nachzuweisen. Das Fachgremium gibt auf der Grundlage der vorgelegten Unterlagen eine Empfehlung ab, ob der Bewerber zur weiteren Überprüfung zugelassen werden kann oder ob er bereits aufgrund der Vor- und Ausbildung, des beruflichen Werdegangs und der eingereichten Unterlagen den Nachweis der besonderen Sachkunde erbracht hat.

II

Eine schriftliche Überprüfung erfolgt anhand vom Gremium festgelegter Aufgaben. Musterlösungen sollen vorher in geeigneter Weise festgehalten werden. Das Fachgremium hat auch die Bearbeitungszeit der schriftlichen Überprüfung vor Ausgabe der Arbeit festzulegen. Es kann auf der Grundlage der schriftlichen Arbeiten eine Empfehlung abgeben, ob der Bewerber zum Fachgespräch zugelassen werden soll oder ob aufgrund der überzeugenden schriftlichen Überprüfung auf ein Fachgespräch verzichtet werden kann.

III

Gegenstand des Fachgesprächs kann zunächst ein Kurzreferat des Bewerbers sein. Weitere Gegenstände des Fachgesprächs können außerdem die schriftliche Arbeit, die mit dem Antrag vorgelegten Gutachten oder sonstige sachbezogene Themen sein.

Die Kammer, die das Fachgremium in Anspruch nimmt, legt (ggfs. in Abstimmung mit den Mitgliedern des Fachgremiums) fest, ob alle drei Prüfungsabschnitte von ihrem Bewerber absolviert werden müssen oder ob er nur für einen oder zwei Abschnitte der Überprüfung angemeldet wird.

8

Aufsicht

Bei den schriftlichen Ausarbeitungen regelt die geschäftsführende Kammer die Aufsichtsführung. Die geschäftsführende Kammer muss sicherstellen, dass ein Mitglied des Fachgremiums als Ansprechpartner für Rückfragen bei der schriftlichen Überprüfung zur Verfügung steht.

9

Nichtöffentlichkeit

Die Überprüfungen sind nicht öffentlich. Die Kammer kann in begründeten Einzelfällen weitere Personen zulassen. Zuzulassen ist insbesondere ein Vertreter der für die öffentliche Bestellung zuständigen Kammer.

10

Einladung, Belehrung, Befangenheit

10.1

Die Einladung zum Termin unter Bekanntgabe der Namen der Fachgremiumsmitglieder erfolgt angemessene Zeit vorher. Die für den Sachverständigen zuständige Kammer ist ebenfalls zu informieren.

10.2

Der Sachverständige ist mit der Einladung über den Ablauf, die Arbeitszeit und die zugelassenen Hilfsmittel zu informieren (Der Hinweis auf Art und Umfang der zugelassenen Hilfsmittel sollte eindeutig sein und nicht etwa durch Zusätze wie »... sofern sie nicht am Prüfungstag in der Aufgabenstellung oder durch das Fachgremium ausgeschlossen werden ...« relativiert werden).

10.3

Einwendungen des Sachverständigen wegen Befangenheit eines Mitgliedes des Fachgremiums sind angemessen zu berücksichtigen.

11

Ausweispflicht und Belehrung

Der Bewerber hat sich auf Verlangen des Aufsichtsführenden auszuweisen.

12

Rücktritt, Nichtteilnahme

Der Bewerber kann jederzeit nach der Anmeldung zurücktreten. Die geschäftsführende Kammer entscheidet, ob und in welcher Höhe für den Bewerber bei Nichtinanspruchnahme Kosten anfallen.

13
Ergebnisniederschrift

13.1
In einer Niederschrift, die alle Fachgremiumsmitglieder (Ziffer 5.2) zu unterzeichnen haben, ist festzuhalten, ob nach Ansicht des Fachgremiums aufgrund der Ergebnisse der Gutachtenüberprüfung, der schriftlichen und mündlichen Leistungen des Bewerbers die Voraussetzungen für die Feststellung der »besonderen Sachkunde« im Sinne von § 36 Gewerbeordnung gegeben sind. Das Ergebnis ist ausführlich zu begründen. Davon kann abgesehen werden, wenn das Fachgremium eine positive Empfehlung abgibt. Soweit das Fachgremium nur zu einzelnen Überprüfungsteilen eine positive Empfehlung abgegeben hat, kann es für die bestellende Kammer eine Empfehlung aussprechen, wie zukünftig mit dem Bewerber zu verfahren ist.

13.2
Die Niederschrift ist unverzüglich der geschäftsführenden Kammer zuzuleiten, die sie ihrerseits an die für den Bewerber zuständige Kammer weitergibt.

14
Sonstiges
Die geschäftsführende Kammer kann weitere Regelungen zur organisatorischen Durchführung der Sachkundeprüfung treffen.

22.3 Bestellungsvoraussetzung für das Fachgebiet »Schäden an Gebäuden«

Der Arbeitskreis Sachverständigenwesen beim DIHT hat die Bestellungsvoraussetzungen für das Sachgebiet »Schäden an Gebäuden« erarbeitet. Federführend waren dabei die IHK Stuttgart und das IfS (Institut für Sachverständigenwesen, Köln). Nachstehend wird der Wortlaut der Bestellungsvoraussetzungen angefügt. Sie umfassen die Anforderungsprofile der Vorbildung und fachlichen Kenntnisse sowie die entsprechenden Erläuterungen und die Mindestanforderungen an Gutachten über Schäden an Gebäuden.

Fachliche Bestellungsvoraussetzungen auf dem Sachgebiet
»Schäden an Gebäuden«

1
Vorbildung des Sachverständigen

1.1
Abgeschlossenes Studium der Fachrichtung Architektur oder Bauingenieurwesen an einer Technischen Universität (Hochschule) oder Fachhochschule.

1.2

Nachweis einer qualifizierten Tätigkeit, in der Regel auf den Gebieten von Planung, Ausschreibung und Bauleitung, die geeignet war, die notwendigen Praxiskenntnisse für die Tätigkeit eines Sachverständigen zu vermitteln. In diesem Zeitraum ist für zwei Jahre, zumindest nebenberuflich, die Tätigkeit als Sachverständiger für den Bestellungsbereich nachzuweisen.
Hinweis:
Zur Zeitdauer zwischen Studienabschluss und öffentlicher Bestellung wird auf die Erläuterungen verwiesen.

1.3

Nachweis der Fähigkeit, Fachfragen in nachvollziehbarer und der jeweiligen Auftragsart entsprechender Form schriftlich abzuhandeln. Der Nachweis ist durch die Vorlage von eigenständig bearbeiteten Gutachten oder vergleichbaren Ausarbeitungen zu führen, die inhaltlich die wesentlichen Teilbereiche der Technischen Kenntnisse nach 2.2 beinhalten sollen. Im Besonderen sind die Bereiche Bauphysik, Bauchemie, Baukonstruktion und Baustoffe abzudecken.

2
Technische Kenntnisse des Sachverständigen

2.1

Die Grundkenntnisse des Sachverständigen über die Fächer der Architektur bzw. des Bauingenieurwesens gelten durch den erfolgreichen Abschluss des Studiums an einer Technischen Universität (Hochschule) oder Fachhochschule als nachgewiesen.

2.2

Die »Besondere Sachkunde« ist auf dem Sachgebiet »Schäden an Gebäuden« neben den Grundkenntnissen nach 2.1 in der gründlichen Kenntnis des in den nachfolgend aufgeführten Fachgebieten enthaltenen Wissensstoffes zu sehen. Daher werden erweiterte Kenntnisse und Erfahrungen auf sämtlichen folgenden Teilgebieten, insbesondere über die Zusammenhänge von Schadensabläufen aus diesen Teilgebieten gefordert.
Die »Besondere Sachkunde« beinhaltet auch die Fähigkeit, den eigenen Kenntnisstand gegen die »speziellen Kenntnisse« von Spezialsachverständigen abzugrenzen. Bei der Erfordernis »spezieller Kenntnisse« muss der Sachverständige Spezialsachverständige auswählen, ihre Aufgabenstellung präzisieren, ihre Tätigkeit koordinieren und die Ergebnisse ihrer Untersuchungen bewerten und in die eigenen Beurteilungen einarbeiten können.

a) Bauphysik
Verhalten der Baustoffe und Bauteile bei Einwirkung von Temperatur, Feuchte, Schall, Brand, Erschütterungen usw. unter bauüblichen Bedingungen.

b) Bauchemie
Chemie der Baustoffe, soweit deren spezielle chemische Eigenschaften Einfluss auf ihr Verhalten in Baukonstruktionen und unter bauüblichen Bedingungen haben können.

c) Baustoffkunde
Kenntnis der bauüblich eingesetzten Baustoffe in ihren Eigenschaften, wie z. B. Korrosions- und Verformungsverhalten, Dauerhaftigkeit etc., Handelsformen, Produktkennzeichnungen und Prüfkriterien mit ihren möglichen Einwirkungen auf Nutzer, Bauwerke und Umwelt.

d) Baukonstruktion
Kenntnis der bei Neubauten sowie Instandhaltung und Modernisierung verwendeten Konstruktionen und deren Verhalten, insbesondere die Kenntnis über Ursachen und Auswirkungen von Schäden an diesen Konstruktionen.

e) Tragwerkskenntnisse
Kenntnis der Lastverteilung, des Trag- und Verformungsverhaltens von Bauteilen in solchem Umfang, dass die Befähigung gegeben ist, Belastungszustände von Gebäuden oder Bauteilen und hieraus resultierende Schadensfälle zu erkennen.

f) Grundbau, Bodenmechanik, Geologie, Hydrologie
Kenntnisse, die besonders auch unter Berücksichtigung regionaler Besonderheiten dazu befähigen, Schäden aus mangelhafter Gründung, unzureichender Abstützung, Setzung oder hydrologischen Einflüssen einschließlich Dränung zu erkennen und zu bewerten.

g) Baubetrieb und Maschinenkunde
Kenntnis der auf Baustellen eingesetzten Maschinen, Arbeitsverfahren und Geräte, ihrer Einsatzmöglichkeiten und möglichen Einwirkungen auf die Bausubstanz, z. B. durch Schwingungen oder Erschütterungen bei Verdichtungs- oder Abbrucharbeiten.

h) Ausschreibung, Kostenermittlung
Eingehende Kenntnisse der einschlägigen Teile aus VOB und üblichen Ausschreibungshilfsmitteln. Kenntnisse über Bauabläufe, den Arbeits- und Materialaufwand für Bauleistungen und die Kostenermittlung, im Besonderen auch bei Nachbesserungsarbeiten.

i) Untersuchungsverfahren des Sachverständigen
Praktische Erfahrungen mit üblichen örtlichen Untersuchungsverfahren für Bauteile und Baustoffe, Kenntnis über mögliche weiterführende Untersuchungen durch Spezialsachverständige und Prüflabors. Fähigkeit, die Voraussetzung und Eignung von Untersuchungsverfahren zu beurteilen und die Ergebnisse hinsichtlich Genauigkeit und Relevanz zu bewerten.

j) Regelwerke

Kenntnisse der wesentlichen Regelwerke (Normen, Richtlinien etc.) hinsichtlich Inhalt und Aussagewert. Fähigkeit, die Aussagen von Regelwerken bei der Beurteilung von Sachverständigen wertend anzuwenden.

k) Beurteilungsverfahren

Kenntnisse der Verfahren zur Beurteilung von Mängeln, zur Ermittlung von Minderwerten und zur Quotelung der Verantwortlichkeiten aus technischer Sicht.

3 Juristische Grundkenntnisse

Grundlagenkenntnisse des privaten Baurechts, insbesondere des Werkvertrags-, Dienstvertrags- und des Kaufvertragsrechtes, der Grundzüge des Schadensersatzrechtes, der Vertragsregelungen der VOB, des Wohnungseigentumsgesetzes und des Versicherungsrechtes; Grundkenntnisse der für die Sachverständigentätigkeit relevanten Abschnitte des Zivilprozessrechts und von Schiedsgutachterverfahren. Kenntnisse des öffentlichen Baurechts.

**Erläuterungen zu den fachlichen Bestellungsvoraussetzungen
auf dem Sachgebiet
»Schäden an Gebäuden«**

zu 1. Vorbildung des Sachverständigen

Aufgabe des öffentlich bestellten Sachverständigen auf diesem Sachgebiet ist regelmäßig die Ursache und den Umfang unterschiedlicher Baumängel und Bauschäden sowie vielfach neben der Verantwortlichkeit auch Maßnahmen und Kosten zu deren Beseitigung festzustellen. Eine umfassende und gründliche Kenntnis der theoretischen Grundlagen und der Bauabläufe auf dem Gebiet des gesamten Hochbaus ist notwendig, um alle Schadensmöglichkeiten einzubeziehen und nicht in Betracht kommende Schadensursachen und -abläufe ausschließen zu können. Deshalb genügen Spezialkenntnisse auf einem Teilgebiet für dieses Sachgebiet nicht.

zu 1.1 Allgemeine (theoretische) Vorbildung

Grundlage dieser Sachverständigentätigkeit ist deshalb unabdingbar der Erwerb des theoretischen Grundwissens mit dem erfolgreichen Abschluss eines Studiums der Fachrichtung Architektur oder Bauingenieurwesen an einer Technischen Universität (Hochschule) oder Fachhochschule.
Erworbene Hochschulabschlüsse anderer Fachrichtungen bei gleicher Qualifikation sind dem gleichzustellen.

zu 1.2 Spezielle (praktische) Vorbildung

Wegen der ungewöhnlichen Breite dieses Sachgebiets, der Vielfalt der Erscheinungsformen, Ursachen und Zusammenhänge, kommt der praktischen Tätigkeit als Voraussetzung der öffentlichen Bestellung hier ganz besondere Bedeutung zu. Diese muss mindestens zu einem erheblichen Teil Gelegenheit zu unmittelbaren Erfahrungen und Einblicken gegeben haben, um selbst Erfahrungen sammeln zu können. Der Antragsteller musste vor der öffentlichen Bestellung Gelegenheit haben, das erworbene (theoretische) Wissen selbst in ausreichendem Umfang anzuwenden; er sollte deshalb im Regelfall z. B. als Bauleiter tätig gewesen sein. Eine z. B. überwiegend wissenschaftliche oder planerische Tätigkeit, bei der keine Gelegenheit bestand, die tatsächlichen Gegebenheiten des Baues und die tatsächlichen Bedingungen der Bauausführung mit ihren eigenen Gesetzmäßigkeiten kennen zu lernen, genügt nicht.

Ein Zeitrahmen für diese berufspraktische Tätigkeit kann nicht bestimmt werden, da der Erwerb des erforderlichen praktischen Wissens wesentlich durch die Intensität und Vielfältigkeit der baupraktischen Tätigkeit bestimmt wird.

Neben der baupraktischen Tätigkeit ist die Teilnahme an Seminaren zur Erweiterung und Aktualisierung des theoretischen Grundwissens durch sachverständiges Spezialwissen, besonders auf dem Gebiet Bau- und Sachverständigenrecht sowie Schadensanalyse erforderlich.

Die geforderte Sachverständigentätigkeit wird als notwendiger Bestandteil der praktischen Vorbildung gesehen. Allein die Teilnahme an Seminaren erbringt noch nicht den Nachweis der Fähigkeit zur eigenständigen Gutachtenerstattung.

Anmerkung: Auf die Festlegung eines exakten Mindestzeitrahmens zwischen Studienabschluss und öffentlicher Bestellung wurde bewusst verzichtet, da der nötige Zeitraum zur Erlangung der vorstehend beschriebenen Erfahrungswerte im Wesentlichen durch die Art der Tätigkeiten und nicht durch die Zeitdauer bestimmt ist. Es erscheint selbstverständlich, dass hier jedenfalls ein längerer Zeitraum erforderlich ist, um die notwendigen Kenntnisse zu erlangen.

zu 1.3 Besondere Kenntnisse im Aufbau und in der Abfassung von Gutachten
Der Bewerber muss in der Lage sein, sein fachliches Wissen in der einem Gutachten entsprechenden Form darzulegen. Dies bedeutet insbesondere, dass alle für das Gutachten und das Verständnis bedeutsamen Tatsachen, Berechnungen und Überlegungen in geordneter, zum Ergebnis hinführender Weise dargestellt werden. Diese Darstellung muss so erfolgen, dass der Fachmann alle Daten und Gedankengänge, auf denen das Gutachten beruht, ohne weiteres nachprüfen und der Laie die gedankliche Ableitung nachvollziehen kann. In diesem Zusammenhang wird auf das Merkblatt der Industrie- und Handelskammer für den gerichtlichen Sachverständigen hingewiesen, das auch bei der Erstellung von Privatgutachten entsprechende Gültigkeit hat.

zu 2 Technische Kenntnisse des Sachverständigen
Die überdurchschnittliche Sachkunde auf diesem Sachgebiet liegt in der Breite des Wissensstoffes und in der Fähigkeit, die Vielzahl der möglichen Schadensfälle zu erkennen, zu ordnen und deren Ursachen, ggf. unter Hinzuziehung von Spezialisten für einzelne Fachbereiche des Bauwesens, aufzuklären.

Neben der fachspezifischen Ausbildung und den danach erworbenen Erfahrungen (s. o.) sind auf den in Ziff. 2.2. aufgezeigten Fachgebieten erweiterte, überdurchschnittliche Kenntnisse und Erfahrungen notwendig. Es genügt also nicht, auf diesem Fachgebiet nur in groben Zügen unterrichtet zu sein. Eine genaue Beherrschung des gesamten fachlichen Stoffes ist erforderlich; dies bedeutet nicht, dass der Sachverständige für das Sachgebiet »Schäden an Gebäuden« auf allen diesen, unter Ziff. 2.2 aufgeführten Fachgebieten über ein Maß an Fachkunde verfügen muss, das Voraussetzung der öffentlichen Bestellung auf einzelnen dieser Gebiete wäre. Es kommt darauf an, diese Teilgebiete so weit zu beherrschen, dass konkrete Schadensfälle stets auch unter diesen Gesichtspunkten geprüft bzw. auf diesen Gebieten liegende Ursachen eindeutig erkannt und in die Aufklärung mit einbezogen werden können. Der Sachverständige für »Schäden an Gebäuden« muss jedenfalls zweifelsfrei erkennen, ob und in welchem Umfang Veranlassung besteht, Spezialisten für diese Teilgebiete des Bauwesens zuzuziehen, um eine eindeutige Aufklärung des Falles sicherzustellen.

Eine besondere Aufgabe des Sachverständigen für »Schäden an Gebäuden« liegt in der Fähigkeit, mehrere und möglicherweise unterschiedliche, auf den genannten Teilgebieten liegende Ursachen des Schadensfalles und die sich hieraus ergebenden Schadensabläufe, Auswirkungen und Zusammenhänge zu erkennen, ihr Verhältnis zum gesamten Schadensumfang klar und auch für den Laien verständlich darzustellen.

zu 3 Juristische Grundkenntnisse
Das Gutachten eines Sachverständigen dient immer einem ganz bestimmten Zweck. Diesen Zweck, zu dem das Gutachten gefordert wird, muss der Sachverständige kennen und nachvollziehen können. Er muss daher über die wesentlichen Grundsätze der seine Tätigkeit tangierenden öffentlichen und privaten Gesetze und Verordnungen Bescheid wissen, um zu verstehen, wie sein Gutachten in die rechtliche Situation eingespannt ist, und muss wissen, worauf es dem Gericht mit seinem Beweisbeschluss oder einem anderen Auftraggeber mit seiner Aufgabenstellung ankommt. Nur dann ist er in der Lage, ein auf die Fragestellung bezogenes Gutachten zu erstellen, ohne sich selbst mit der Beurteilung von Rechtsfragen zu befassen und zu vermeiden, dass ein Gutachten an den Fragen, auf die es eigentlich ankommt, vorbeigeht.

Mindestanforderungen an Gutachten über
»Schäden an Gebäuden«

Bei den mit * gekennzeichneten Punkten hat der öffentlich bestellte Sachverständige pflichtgemäß zu prüfen, ob und in welchem Umfang Angaben, insbesondere aufgrund des Auftrags, des Zwecks des Gutachtens oder sonstiger besonderer Umstände erforderlich bzw. (unter vertretbarem Aufwand) möglich sind.

1 Allgemeine Angaben

1.1 Auftraggeber, Datum der Auftragserteilung; bei Gerichtsaufträgen: Angabe der Parteien und des Aktenzeichens.

1.2 Inhalt des Auftrags und Zweck des Gutachtens; bei Gerichtsaufträgen: Wiedergabe des Beweisbeschlusses.

1.3 Verwendete Arbeitsunterlagen, wie z. B. Akten, Pläne, Ortsbesichtigung, Untersuchungen, Fotografien usw.

1.4 Datum und Teilnehmer der Ortsbesichtigung; Datum*, von wem durchgeführt; beteiligte Personen.

2 Schadensfeststellung

2.1 Kurze, zusammenfassende Darstellung des Bauwerkes und seines Zustandes*, Bauzeit*, Planung*, ausführende Firma* und dgl.

2.2 Genaue, erschöpfende Beschreibung des Schadensbildes mit der Angabe, ob die Beschreibung auf eigenen Feststellungen beruht oder nach Angabe der Beteiligten erfolgt ist.

2.3* Berücksichtigung der allgemeinen und der besonderen Versicherungsbedingungen, wenn und soweit diese für die Feststellungen des Sachverständigen von Bedeutung sind.

3 Untersuchungen und Ursachenermittlung

3.1 Untersuchungen und Ermittlungen, ggf. eigene Laboruntersuchungen, Auswertung von Laboruntersuchungen Dritter, Messungen und dgl.

3.2 Ursachen des Schadens, Auswertung der getroffenen Feststellungen.

4 Behebung des Schadens und dessen Kosten

Vorbehaltlich des Auftrags bzw. des Beweisbeschlusses sind Ausführungen zu den Möglichkeiten der Schadensbehebung und der dadurch entstehenden Kosten sowie zu einer ggf. verbleibenden Wertminderung zu machen.

5 Zusammenfassung

Ergebnis des Gutachtens und Beantwortung der gestellten Fragen. Bei Gerichtsgutachten: Kurze Beantwortung der Fragen des Beweisbeschlusses mit eindeutigen Formulierungen.

22.4 Prüfungsergebnisse bei Fachgremien für »Schäden an Gebäuden«

Das Fachgremium für Schäden an Gebäuden in NRW (Neuss und Münster) hat den Autoren dankenswerter Weise die Ergebnisse der bis dahin durchgeführten Fachgremien in Form einer Statistik zur Verfügung gestellt.

Jahr	Anzahl Bewerber	davon Wiederholer	bestanden	nicht bestanden	Durchfallquote
1991	16	0	7	9	56%
1992	8	0	5	3	38%
1993	12	0	7	5	42%
1994	12	1	7	5	42%
1995	8	0	4	4	50%
1996	14	1	8	6	43%
1997	3	0	1	2	67%
1998	17	0	12	5	29%
1999	16	1	9	7	44%
2000	9	1	5	4	44%
2001	24	2	11	13	54%
2002	21	3	11	10	48%
2003	36	8	18	18	50%
2004	26	3	11	15	58%
2005	11	3	9	2	18%
insgesamt	233	23	125	108	46%

22.5 Praktische Hinweise zur Vorbereitung für das Fachgremium

Im Folgenden sollen Tipps zur Vorbereitung auf das Fachgremium und zum strategischen Vorgehen in der Prüfung selber zusammengestellt werden.

Allgemeines:

In aller Regel vergehen rund 2 Jahre von der Beantragung zur öffentlichen Bestellung und Vereidigung zum Sachverständigen für Schäden an Gebäuden bis zur letztendlichen Bestellung und Vereidigung.

Zur Vorbereitung sind heute Seminarreihen, wie sie das IFS (Institut für Sachverständigenwesen) in Köln oder die TÜV-Akademie in Köln, bei der die Autoren dieses Buches als Referenten tätig sind, abhalten, praktisch unerlässlich. Selbst der noch so erfahrene Bauingenieur wird ohne das bei diesen Seminaren für den Sachverständigen vermittelte spezifische Fachwissen kaum Aussicht auf eine erfolgreiche Absolvierung dieses Verfahrens haben. Selbstverständlich gibt es heute auch weitere Seminarveranstalter, die eine Fachausbildung auf hohem Niveau anbieten. Hier seien insbesondere die Fortbildungsseminare der Ingenieur- und Architektenkammern genannt.

Zunächst sind allgemeine vorbereitende Überlegungen anzustellen. Dabei empfiehlt es sich, sich mit schon erfahrenen Sachverständigen, die dieses Prozedere bereits durchlaufen haben, in Verbindung zu setzen und sich so erste Informationen über deren Vorbereitung, Form und Inhalt des Prüfungsverfahrens zu beschaffen.

Weiter empfiehlt es sich, seine Literaturbestände zu durchforsten und ein Verzeichnis über vorhandene Inhalte anzulegen und ein Konzept für weitere erforderliche Fachbücher und Fachzeitschriften zu erstellen. Oftmals ist der Literaturaustausch mit Kollegen hilfreich, denn Fachbücher sind teuer und nicht alles muss jeder sofort selber haben.

Ist der Entschluss, ernsthaft an das Verfahren heranzugehen endgültig gefasst, so bedarf es der Erstellung eines zeitlichen und inhaltlichen Konzeptes hinsichtlich aller anstehenden Maßnahmen. Dabei sollte ein Zeitplan mit ausreichend Reserve für private und außerplanmäßige Ereignisse aufgestellt werden. Der erfahrene Baupraktiker kennt derartige Arbeitspläne in Form von Balkendiagrammen, die auch hier recht hilfreich sein können.

Im Rahmen der bereits erwähnten Seminare werden die wesentlichen Schwerpunkte der Sachverständigenausbildung und der Prüfungsthematiken vermittelt. Auf dieser Basis wird dann, je nach spezifischer Vorbildung und Berufserfahrung, ein planmäßiges Lernen hinsichtlich der zu erwartenden Fragen vorbereitet werden.

Besonders sinnvoll ist es dabei früher bereits gestellte Prüfungsfragen durchzuarbeiten, wobei dieses Buch insbesondere helfen soll. Dabei kann der individuelle Kenntnisstand realistisch abgeschätzt werden. Es ist empfehlenswert bei der Durcharbeitung der Fragen die zu erwartenden Prüfungssituation selber zu simulieren.

Nehmen Sie sich ausreichend Zeit für regelmäßiges Lernen und planen Sie dafür Zeit in Ihren üblichen Tages- und Wochenplan ein. Dabei darf Zeit für Familie, Freunde und Entspannung nicht zu kurz kommen. Sonst wird das Lernen zur Last und Frustration kommt auf. Legen Sie die Lernphasen in Zeiten an denen Sie frisch und ausreichend aufnahmefähig sind. Klären Sie dies mit Ihrem Umfeld im Vorfeld ab. Es lernt sich wesentlich entspannter mit deren Unterstützung als gegen deren Willen.

Den Gesamtzeitaufwand zur Prüfungsvorbereitung kann etwa wie folgt untergliedert werden:

Überblick über das Gesamtthema verschaffen	5 %
Aufbereiten von Literatur und Seminarunterlagen, neu lesen, durcharbeiten, nachvollziehen	40 %
Zusammenfassen, Extrakte ziehen, durcharbeiten, eigentliches Lernen	30 %
Üben und Wiederholen von kleineren Themenabschnitten	25 %

Im Vorfeld ist die Lernmethode für das jeweilige Thema auszuwählen. Dabei gilt grundsätzlich: Steter Wechsel der Lernhaltung fördert die Aufnahmefähigkeit (lesen, schreiben, sprechen, zeichnen, rechnen), sowie Einordnung des Gelernten nach Zusammenhängen, Hauptmerkmalen, Unterschieden, Vergleichen, Bewerten, etc.

Bewährt haben sich dabei Karteikarten, jeweils mit Literaturangabe, denn dies ermöglicht Nachlesen beim Wiederholen.

Prüfungsvorbereitung:

Mit dem eigentlichen Lernen sollte spätestens begonnen werden, wenn mit der Kammer verbindlich die Prüfungszulassung geklärt ist. Zu den Themenkomplexen Antragstellung, Auswahl der einzureichenden Gutachten und Auswahl der Referenzpersonen wird in den Vorbereitungsseminaren in aller Regel ausführlich eingegangen.

Bei der Vorstellung bei der Kammer, aber auch in der mündlichen Prüfung wird regelmäßig die Frage »Warum wollen Sie als Sachverständiger tätig sein und wodurch fühlen Sie sich dazu besonders befähigt?« gestellt.

Sollten Sie durch die zuständige Kammer auf Ihren Antrag einen negativen Bescheid erhalten, so ist es durchaus ratsam ein Gespräch mit der zuständigen Stelle zu suchen und nach den Gründen zu fragen. Man wird dies in der Regel positiv aufnehmen und auf eventuelle Defizite hinweisen, die es abzustellen gilt. Dies wird bei erneuter Antragstellung fraglos positiv gewertet.

Schriftliche Prüfung:

Die Prüfung wird üblicher Weise an zwei Tagen abgehalten. Zuerst erfolgt die schriftliche Prüfung. Sollten dabei die erforderlichen Punkte erreicht werden, so erhält man die Einladung zu der mündlichen Prüfung. Die schriftliche Prüfung wurde erst kürzlich harmonisiert, das heißt, die Fragen sind bei allen Fachgremien identisch und die Termine liegen stets am gleichen Tag.

Die Anreise zum Ort des Fachgremiums sollte sorgfältig geplant werden. Anreise, Übernachtung etc. sollten nicht zu einem unnötig belastenden Stressfaktor werden.

Hinsichtlich der zugelassenen Hilfsmittel werden Sie mit der Einladung instruiert. In der Regel ist es jedoch so, dass Sie meist nur einen Taschenrechner, Geodreieck etc. benutzen dürfen. Alle erforderlichen Tabellen etc. werden meist gestellt. Dies ist auch von Vorteil, da es einem nicht passieren kann, dass das, was man benötigt, nicht da ist und unnötiges Blättern und Suchen entfällt. Wichtig ist auch folgender Hinweis: Schreiben Sie nur mit schwarzen Stiften. Ihre Prüfungsunterlagen werden in kopierter Form von der Prüfungskommission geprüft. Das Original bekommt die zuständige Kammer. Alle eventuell farbig erstellten Antworten oder Skizzen bleiben auf der Kopie gegebenenfalls unkenntlich. Gewertet wird nur das, was auch auf der Kopie erkennbar ist.

Zu Beginn des Prüfungstermins bekommt man karierte Doppelbögen, sämtlich mit Namen und fortlaufender Seitenzahl versehen. Am Vormittag sind ca. 20 bis 30 Sachfragen, wie in diesem Buch zusammengestellt, innerhalb von drei Stunden zu bearbeiten. Bearbeiten Sie zunächst nur die Fragen, die Ihnen sofort klar sind. Sobald Sie damit durch sind, befassen Sie sich mit den dann noch offenen Fragen. So vertrödeln Sie keine unnötige Zeit.

Nach einer Mittagspause von ca. anderthalb Stunden sind am Nachmittag zwei Probegutachten am Stück innerhalb von drei Stunden zu bearbeiten. Die Angaben werden mit allen Anlagen zusammen am Anfang ausgegeben. Typische Anlagen sollte man vom Inhalt her genau kennen, wieder erkennen, damit geeignete Stellen zitiert werden können. Wichtig bei der Gutachtenbearbeitung ist eine saubere klare Gliederung. Themen wie Ortstermin, zu Verfügung gestandene Unterlagen, Normen, Literatur etc. sollten in dieser Gliederung zumindest erwähnt werden. Auch diese Art Gutachten sollten vorab zu Hause unter dem

Zeitaspekt geübt werden. Das Gutachten sollte folgende kardinalen Gliederungspunkte im Minimum beinhalten:

- Auftraggeber und Aufgabenstellung
- Grundlagen des Gutachtens
- Ortstermin
- Feststellungen beim Ortstermin
- Schlussfolgerungen hinsichtlich der Fragestellungen
- Hinweis auf die erforderlichen Maßnahmen und deren Kosten
- Gegebenenfalls Hinweis auf bautypische Zuständigkeiten und Schadensquotellung unter technischen (nicht juristischen) Aspekten
- Zusammenfassung und Schlussformel.

Am Ende der Prüfung wird der Vorsitzende meist mündlich seine Vorstellungen über die richtige Lösung der Fragen wiedergeben. Es ist wichtig sich entsprechende Notizen zu machen, da diese Fragen, insbesondere dann, wenn Ihre Lösung von den Vorstellungen der Prüfungskommission abweicht, in der mündlichen Prüfung nochmals thematisiert werden.

Mündliches Fachgespräch:
Sofern Sie in der schriftlichen Prüfung ausreichend Punkte gesammelt haben und Sie eine theoretische Chance haben die erforderliche Gesamtpunktzahl zu erzielen, werden Sie auch zu dem mündlichen Fachgespräch geladen. Die Besetzung des Fachgremiums liegt in den Händen der Geschäftsführung der das Fachgremium betreuenden IHK oder sonstigen Körperschaft. Das Fachgremium ist in der Regel durch 3–4 fachkundige Mitglieder besetzt. Bei den Sitzungen mögen Vertreter der bestellenden Kammern anwesend sein, unüblich ist allerdings die Teilnahme sonstiger Zuhörer.
In einigen Kammerbezirken werden Sie aufgefordert, sich zu zwei Fachthemen Ihrer Wahl auf ein Kurzreferat vorzubereiten. Wählen Sie nur Themen bei denen Sie wirklich sattelfest sind. Zu Beginn des Fachgesprächs wird Ihnen mitgeteilt zu welchen der von Ihnen gewählten Themen Sie ca. 5 Minuten referieren sollen. Üben Sie vorher freies Sprechen. Sie stellen damit unter Beweis, dass Sie auch bei Gericht bei einer mündlichen Verhandlung kompetent und sicher Ihre Darlegungen vorbringen können.
Das Fachgespräch dauert ca. 30–40 Minuten. Nach dem Kurzreferat wird meist ganz gezielt nachgefragt werden nach:

- Einzelheiten zu Ihrem Referat
- Fragen aus dem schriftlichen Teil, die falsch oder lückenhaft beantwortet wurden.
- Diese Lücken werden oftmals sogar durch Zusatzfragen noch vertiefend hinterfragt.
- Fragen zu den eingereichten Mustergutachten.

Auch wenn in aller Regel nicht das aufgespürt werden soll, was Sie nicht wissen, sondern das, was Sie wissen, müssen Sie damit rechnen, dass Ihnen bewusst falsche Argumente vorgetragen werden, die Sie fachkompetent richtig stellen sollen.

Es werden von dem Bewerber entweder im mündlichen Gespräch oder in aller Regel über einen entsprechenden Fragebogen nur der berufliche Lebensweg sowie zusätzliche Qualifikationen oder berufliche Erfahrungen hinterfragt. Natürlich wird empfohlen, dass der Bewerber die von der bestellenden Körperschaft auf entsprechende Anfrage übersandten allgemeinen Informationen bei der Umwandlung in seinem Antrag berücksichtigt und mit dem verantwortlichen Sachbearbeiter das persönliche Gespräch sucht. Dieses ist in aller Regel eine ergänzende Hilfe für Ausgestaltung und Inhalt des Antrages.

Ergebnis der Überprüfung des Fachgremiums:

Zweck des Fachgremiums ist es, dass Sie dort Ihre besondere Fachkunde unter Beweis stellen. Damit ist gemeint, dass Ihre Fachkenntnisse und Erfahrungen deutlich über dem Schnitt erfahrener Fachkollegen liegen. Sie können daher nicht bei der Prüfung durchfallen. Das Fachgremium kann Ihnen nur bestätigen, dass Sie die besondere Fachkunde ausreichend nachgewiesen haben oder eben noch nicht. Dabei ist dem jeweiligen Fachgremium freigestellt in welcher Form oder nach welchen Kriterien die besondere Fachkunde des jeweiligen Bewerbers festgestellt wird.

Dies ist in der Regel dann der Fall, wenn Sie mindestens 75 % der erreichbaren Punkte insgesamt im schriftlichen und mündlichen Teil erreicht haben. In jedem Einzelbereich (Fachfragen, Gutachtenfälle und mündlichem Fachgespräch) sollten aber jeweils mindestens 50 % der erreichbaren Punkte erzielt werden.

Über das Ergebnis des Fachgremiums werden Sie in der Regel, sofern die für Sie zuständige Kammer sich dies nicht ausdrücklich vorbehalten hat, nach dem mündlichen Termin unterrichtet. Sofern Sie Ihre Sachkunde nicht ausreichend nachweisen konnten, wird Ihnen mitgeteilt, wo Ihre Defizite im Einzelnen liegen. So können Sie gezielt an Ihren Wissenslücken arbeiten und sich auf einen erneuten Anlauf vorbereiten.

Kommt das Fachgremium zu dem Ergebnis, dass Sie Ihre besondere Fachkunde ausreichend nachgewiesen haben, werden Sie in aller Regel beim nächsten Vereidigungstermin Ihrer Kammer durch den Kammerpräsidenten vereidigt.

Die öffentliche Bestellung erfolgt durch einen hoheitlichen Verwaltungsakt der zuständigen öffentlich-rechtlichen Stelle (in der Regel sind das die Industrie- und Handelskammern, Architektenkammern sowie Ingenieurkammern). Die öffentliche Bestellung des Sachverständigen dürfte sich nach einheitlicher Übernahme der Muster-Sachverständigenordnung durch die bestellenden Körperschaften mittlerweile auf 5 Jahre mit nachfolgender befristeter Neubestellung festgeschrieben haben. Sowohl eine unbefristete wie auch eine kürzer befristete Erstbestellung sind nicht mehr üblich. Die Fragen der Rücknahme oder des Widerrufes der öffentlichen Bestellung sind in der Sachverständigenordnung der bestellenden Körperschaft geregelt.

Der Sachverständige wird in der Weise vereidigt, dass der Präsident oder ein Beauftragter der Kammer an ihn die Worte richtet: »Sie schwören, dass Sie die Aufgaben eines öffentlich bestellten und vereidigten Sachverständigen unabhängig, weisungsfrei, persönlich, gewissenhaft und unparteiisch erfüllen und die von Ihnen angeforderten Gutachten entsprechend nach bestem Wissen und Gewissen erstatten werden«, und der Sachverständige hierauf die Worte spricht: »Ich schwöre es, so wahr mir Gott helfe«. Der Sachverständige soll bei der Eidesleistung die rechte Hand erheben. Der Eid kann auch ohne religiöse Beteuerung geleistet werden.

Der Eid ist die ernsthafte und feierliche Versicherung des Sachverständigen, nach der eigenen Überzeugung, unparteiisch und gewissenhaft auszusagen. Gleichzeitig verspricht er damit, die Pflichten nach der Sachverständigenordnung einzuhalten (Nr. 5.1 der Richtlinien zur Muster-Sachverständigenordnung).

Sachregister

A

Abdichtungsebene 165
Abnahme 20, 22
Algen 74
Anisotropie 170
Anobien 177
Asbest 202
Aufschüsselung 153
Außenputz 62

B

Bauproduktenrichtlinie 209
Bauverfahren
– ungeregeltes 215
Bauzustandsanalyse 57
Befangenheit 19
Bestellungsvoraussetzung 9
Betonüberdeckung 136
Beweisbeschluss 18
Beweissicherungsverfahren 13
Beweisverfahren
– selbstständiges 11
biegesteif 108
biegeweich 108
Bitumen 44
Bitumendachbahn 188
Bitumendickbeschichtung 52
Bitumenkorrosion 193, 197
Blaufäulepilz 175
Blower-Door-Verfahren 90
Boden
– bindig 50, 51
Brandlast 115
Brandwand 114
Braunfäulepilz 175

C

Calcium-Carbid-Methode 38
Carbonatisierung 46, 68
Carbonatisierungstiefe 46, 63, 68
Cellulose 173

D

Dachabdichtung 185, 188
Dachdeckerrichtlinie 185
Dachdeckung 188
Dachneigungsgruppen 191
Dampfblase 198
Dampfbremse 95
Dampfsperre 95
Darrbezugsfeuchte 182
Darr-Methode 38
Dehnfuge 143
Dehnungsausgleicher 187
Dezibel 105
DIN 207
DIN-Norm 12
Dränagesystem 51
Dränung 50

E

Echter Hausschwamm 176
Einheitstemperaturkurve 116
Elastizitätsmodul 36, 37
Elektrokinese 45
EnEV 87
Ettringit 64

F

Fensterwand 133
Feuchtehorizont 62
Feuchtraum 165
feuerbeständig 113
feuerhemmend 113
Feuerwiderstandsklasse 116
Flachdachrichtlinie 185
Formaldehyd 204
Fuge 137

Inspektion, Prüfung und Instandhaltung von Photovoltaik-Anlagen

Analyse, Bewertung und Instandsetzung

Wolfgang Schröder

2015, 256 Seiten, zahlr.
Abbildungen und Tabellen,
Gebunden
ISBN 978-3-8167-9264-2

E-Book:
ISBN 978-3-8167-9265-9

Die weitverbreitete Meinung, dass eine Photovoltaik-Anlage viele Jahre wartungsfrei Strom erzeugt, stellt sich oft als Irrtum heraus. Tatsächlich muss eine regelmäßige Wartung erfolgen. Dieses Fachbuch gibt Prüfungsverantwortlichen und Anlagenbetreibern Hinweise zur Fehlererkennung, fachgerechten Inspektion, Prüfung und Instandsetzung. Ergänzt wird es durch die Beschreibung der rechtlichen Rahmenbedingungen von Instandhaltungs- und Instandsetzungsaufträgen, deren Inhalten sowie Hinweise zur praktischen Durchführung.

Fraunhofer IRB▪Verlag
Der Fachverlag zum Planen und Bauen

Nobelstraße 12 · 70569 Stuttgart · www.baufachinformation.de

CPSIA information can be obtained
at www.ICGtesting.com
Printed in the USA
LVHW102322181120
672055LV00009B/165

9 783816 795223